與風同行

類風濕性關節炎的護理與治療

香港風濕病基金會
Hong Kong Arthritis & Rheumatism Foundation Ltd. 編著

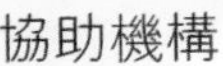

受訪專家

（排名按章節序）

譚麗珊教授

中文大學醫學院內科及藥物治療學系

劉澤星教授

香港大學李嘉誠醫學院內科學系風濕及臨床免疫科主管及香港醫學專科學院主席

袁斯慧

註冊護士

曲廣運教授

香港大學矯形及創傷外科學系關節置換外科

李曾慧平教授

香港理工大學康復治療科學系醫療科學（職業治療）博士課程主任

劉兆康

香港復康會社區復康網絡註冊社工

謝學章

香港復康會一級物理治療師

莫志超醫生

香港風濕病學學會前會長、風濕科專科

受訪嘉賓

（排名按章節序）

紀永樂

趙慧妍

吳小微

朱超英

張成葉

許盈盈

郭筱萍

黃煥星 瑪麗醫院內科醫生

梁偉欣 風濕科資深護師

曾瑞秋 香港復康會社區復康網絡註冊社工

編輯委員會

委員：陳德顯醫生、李家榮醫生

秘書：馬紫榆、何詠心

執行編輯：PRPPL Consultancy Limited

撰稿：李家榮醫生、毅希會、羅美霞

序一

類風濕性關節炎是一種常見的慢性內科疾病，如果不及早治理，會影響患者的活動能力和日常生活。估計有超過五萬名風濕病患者在醫院管理局轄下的醫院及醫療機構接受治療。隨着人口老化，風濕性疾病在未來相信會更為普遍，因此有需要提高大眾對有關疾病的認識。本書除了為大家提供類風濕性關節炎的治療和護理的詳細資訊，更邀請病患者和醫護人員分享他們的故事，加深大家對這種疾病的了解。

類風濕性關節炎患者要長期與病魔搏鬥，身心都承受不少壓力。有研究報告指出，積極樂觀的生活態度對健康有正面的影響，這一點可以從書中幾位病友的經歷得到印證。這些病友在患病過程中感受到人間有愛，並願意透過分享自身的經歷去鼓勵他人，甚且身體力行地籌辦和參與同路人活動，為其他病友提供支援和協助。

我誠意向大家推薦本書，希望各位都能以堅毅不屈的精神面對生命中或大或小的困難和挑戰，活出快樂和豐盛的人生。

陳肇始教授

食物及衞生局局長

序二

開始接受風濕病科訓練，原來已是三十年前的事。

就類風濕性關節炎而言，當時的醫患溝通較少，公眾教育不多，藥物選擇亦有限，藥效未必理想，醫學界對用藥時機、份量仍未有十足把握。

以上種種難題，都為患者的身心帶來極大挑戰。身體上，他們時刻承受疼痛折磨，生活不便，甚至出現關節變形、關節以外的病症；心理上，他們不斷面對各種苦楚，被迫在壯年放棄工作、興趣、理想，甚至人生。

可幸的是，醫學不斷進步，這個最為痛苦的慢性病，漸漸變成可控制、可共存的病症，患者的生活質素日漸提高，關節變形、器官受損的風險則愈來愈低。這裏所説的醫學進步，不只是治療先進，更是醫患關係、公眾教育的發展。

《與風同行》一書，既是患者的切身分享，也是醫護人員對公眾的教育。

我們常說醫患相連，若缺乏患者的配合，就算再厲害的醫術，再先進的藥物，也無用武之地。患者參與的可貴之處，在於讓醫生理解他們對病症和治療的看法，讓同路人見證他們克服難關的心路歷程，也讓他們重新審視人生中的磨練，達致心靈上的自我提升。

公眾教育的意義，是讓患者、親友、社會多認識和關注類風濕性關節炎，最終目的，是達成更早診斷、更早治療、更早控制。在不久的將來，類風濕性關節炎未必會完全消失，但隨着醫患溝通漸多，公眾教育漸廣，相信此症將不再可怕。

劉澤星教授

香港風濕病基金會名譽會長暨創會主席

序三

在以往，類風濕性關節炎予人的印象，是一個不治之症，病人眼看着自己關節逐漸變形，不但影響日常和社交生活，嚴重時連自理能力亦有問題！

但隨着這二十多年間風濕病方面的研究，不論在診斷的方法，治療的理念，新藥物如生物製劑、口服標靶藥物的出現，以至不同的輔助性治療及併發症的防範，均出現了突破性的發展。大部份患上類風濕性關節炎的病友，如能做到及早確診及接受治療，緊密監控病情，及奉行以目標為本的策略，而不是病入膏肓才就醫的話；治癒此病已不再是遙不可及的夢！

任何人面對病患，都會感到害怕、焦慮和無助！類風濕性關節炎患者，病發年齡始於壯年，往往是人生及工作中的黃金時代，不難想像病友要面對的擔心及惶恐，而病友們除了要接受適當治療和家人的支持外，若有同路人的互相扶持、鼓勵，便更容易渡過難關。

風濕病基金會秉承其「風濕不再，你我自在」的理念和透過不同的網絡，廣邀各位風濕病專家，在不同範疇中為此病作出深入淺出的解說及提供相關的新知；更走訪不同病友，將自己從發病、治療和當中種種反覆的病情作出分享，我想此書不單止病友，甚至病友的家人和朋友也值得閱讀：病友看後，會感到患此病雖然艱辛，但原來自己並不是孤單一人，抗病路途上有着同路人強而有力的互相支持同鼓勵！而家人朋友看完，亦會更明白患者面對的困難和病情反覆而引致情緒上的不安和波動，從而作出更體貼的支援和鼓勵，令病友們有更強的鬥志面對疾病，增加治癒的機會！

在此，我謹祝此書出版成功，讓類風濕性關節炎患者及家人有更多渠道，了解及獲取此病相關的資訊之餘，更可讓市民大眾對患者的心路歷程有多一份關注。

葉文龍醫生

香港風濕病學學會會長

序四

近年來，類風濕性關節炎影響着七萬左右的香港人口，給他 / 她們以及照護者的生活帶來了嚴重的不便。類風濕性關節炎患者承受着常人難以想像的痛苦，除了關節腫脹、疼痛之外，還會影響心、肺、血管等其他器官，導致持續數週甚至數月的發燒。清晨起床後關節僵硬，休息之後更會疼痛難忍。古語曰「痛心切骨」，描述的就是這種痛苦。甚至超過 45% 的患者不能料理自己的日常生活，嚴重者更是完全失去活動能力。然而，其發病原因尚未可知，更是沒有辦法完全治癒。

我與類風濕性關節炎患者一同工作了長達三十年之久，對他 / 她們的這種疼痛一直感同身受，也從他 / 她們身上學到了很多關於生命的感悟。患者們在發病初期往往經受着巨大的打擊，陷入人生的低谷。然而他 / 她們在類風濕性關節炎之後的大徹大悟，對人生價值與意義的重新定義，深深打動着我，也激勵着所有知曉他們故事的人。接受疼痛，選擇開心生活；因為被愛，所以願意奉獻；將人的價值定義為不只是為了成就自己，更是成就他人。這些感悟是多麼珍貴、多麼透徹！正如著名的存在 - 分析學説領袖、「意義療法」創始人 Viktor E. Frankl 於 1984 年在其著作《人生的真諦》一書中寫道：真正重要的不是我們對人生有甚麼指望，而是人生指望我們甚麼；每個人都有自己特定的人生使命或天職，承擔起責任，完成人生不斷賦予每個人的使命，這就是人生的終極意義。

由香港風濕病基金會出版的這本《與風同行——類風濕性關節炎的護理與治療》，為我們提供類風濕性關節炎的病情診斷、護理、治療等相關資訊，並提供了一些具體案例，講述患者們與疾病和命運所進行的堅毅不拔的抗爭。他 / 她們如何能夠將自己的痛苦轉化為韌性，轉化為生活智慧、變成幫助他人的力量，在這本書中都能找到答案。這些患者朋友們是我們真正的老師，他 / 她們提醒着我們生命中愛的力量，教會我們學着接受挫折的不可預測，從而實現內在的凝聚與平靜。閱讀本書，除了可以了解到病症的相關資訊，還會喚起我們對於人生價值和意義及重新思考與探索。

最後，希望所有的讀者們都能在「野徑雲俱黑，江船火獨明」時，仍能看到「沉舟側畔千帆過，病樹前頭萬木春」的景象，能夠發掘自己與眾不同的獨特價值與意義！

陳麗雲講座教授

香港大學 社會工作及社會行政學系

序五

不幸患上慢性關節炎的長期病患者，可能因為疾病的煎熬而意志消沉。但亦有人會選擇堅持與頑疾對抗，在家庭、學業及工作的崗位上不斷努力。我希望這本《與風同行——類風濕性關節炎的護理與治療》除了為大眾提供「類風濕性關節炎」的診斷和治療的最新資訊外，亦能夠鼓勵長期病患者積極和勇敢地面對疾病。

「類風濕性關節炎」是最常見的慢性炎性關節炎。根據二十多年前在沙田進行有關「類風濕性關節炎」的普查研究推算，現時全港應該有超過 22,000 名病患者。「類風濕性關節炎」患者如果得不到及時和適當的治療，大部份病人最終會關節變形、身體殘障，甚至影響正常壽命。

在過去的二十年，「類風濕性關節炎」的基礎和臨床研究有着一日千里的發展。「治療黃金期」、「目標為本」的治療策略及「國際治療指引」等等使到專科醫生在醫治「類風濕性關節炎」能夠有更科學化的根據。生物製劑和口服標靶藥物的廣泛應用，使到病情嚴重的患者能夠有效地控制炎症。由嚴重「類風濕性關節炎」所引起的關節變形和身體殘障已經愈來愈少見了。

縱使現今治療「類風濕性關節炎」的藥物已經變得更有效和更安全，仍有賴病人的配合，才能達致最理想的治療效果。基金會希望透過《與風同行——類風濕性關節炎的護理與治療》，使到市民大眾和患者能夠深入淺出地了解治療關節炎的最新趨勢。本書的目標是希望病患者能夠得到及早診斷和適當的治療，從而減輕患者的痛楚，改善其生活質素以及自我照顧的能力。我們期望照顧者能夠從這書對「類風濕性關節炎」病患者的需要有更深入的了解，從而減少病人在心理或社交生活上的影響。

「香港風濕病基金會」成立於 2001 年 ，目的旨在提高市民對風濕免疫病的認識，以及改善病患者的健康和生活質素。本會繼 2016 年出版《與狼共舞——紅斑狼瘡症的護理與治療》後，再度出版《與風同行——類風濕性關節炎的護理與治療》。基金會期待在未來的日子裏，能夠繼續為市民提供有關常見關節和自身免疫系統疾病的最新資訊。在本書的籌備過程中，編輯團隊成員和各位專家實在貢獻良多，我謹藉此機會向他們致以衷心感謝。最後，我非常感謝為我們撰寫病友分享的各位病患者，這對我們醫護人員而言是一種莫大的鼓勵。

陳德顯醫生

香港風濕病基金會主席

序六

「類風濕性關節炎」這個病科學名，近年已逐漸廣為人知，原因之一是病發個案愈趨向年輕化，不是年老才病發，致令更多人關注這個病的發展，但請不用擔心，醫護和藥物亦在進步。

各位病友，我們本是普通人，只是身體內多了一種東西，名叫「類風濕性關節炎」因子，這病驟然到訪時，不能拒絕，但只要經醫生診斷，配合藥方，平衡調節日常生活及適當運動，就可以好好與它和平共處。

「類風濕性關節炎」因子，好像一個頑皮的小孩，有時會安靜，有時過份活潑，它會把你訓練成為超凡的忍痛專家，帶着這關節「痛」度過日常生活作息、上學和上班。

「痛」原來也是與病友分享的重要話題，例如：病發的經歷、怎樣紓緩痛楚、遇到被歧視和不公平對待如何回應，等等……

病科處方藥物亦會對身體帶來副作用，這是不可避免的，只要我們用一個正面的思考去接受，就是有病就要看醫生、食藥和休息，只要這麼簡單去面對它便可以。

「類風濕性關節炎」病友組織「毅希會」成立亦已踏入 30 週年，秉持助人自助的目標，繼續為病友服務與互相關懷，而每個病友一定要憑着堅毅的精神、不輕言放棄、向理想進發……追夢是每個人都有的權利。祝願各位日日進步、理想達到！

燭芯不滅、發光發熱、燃燒自己、照亮別人。

何瑞霞

毅希會主席

目錄

病症資訊

社區資源

病者、醫護深情分享

病症資訊

流行病學及病因

類風濕性關節炎相信不是近代的一種疾病，因為約在公元 123 年，有文獻記載了十分近似類風濕性關節炎的徵狀論述。但在西方醫學歷史中，直至 19 世紀中期，英國醫生 Sir Archibald Edward Garrod 提出把類風濕性關節炎（rheumatoid arthritis）這個名字，並嘗試從痛風及風濕熱（rheumatic fever）中分辨出來。

從不同的流行病學研究得出，在歐洲白種人（Caucasian）中的普及率（Prevalence）約為 1%，即 100 人中有一人患有此病。不同的種族得出不一樣的普及率，估計是 0.1% 至 5% 不等。

類風濕性關節炎發病的高峰期約為 40-60 歲，但其實任何年齡的人士皆可患上此病，少至幼童，老至八十多歲的長者也可發病。故此，無論男女老幼，若有持續的關節紅疼痛，都應及早求診，並且安排適當檢查，看看是否患上類風濕性關節炎。

女性患者數目大概是男性的兩至三倍，研究亦發現在女性中，未曾懷孕的有較高風險，懷孕期間病情傾向改善，但產後卻有復發風險。哺乳時間一年以上的母親，她們患上類風濕性關節炎的機會則較低。男士若患上此病，一般是較年長、有吸煙歷史，以及通常是帶有類風濕因子或抗 CCP 抗體。

病因

透過過往眾多研究及各方的努力，西方現代醫學對類風濕性關節炎的成因並非一無所知。已知的病因可分類為遺傳因素及環境因素，而兩者間亦被證實有互為作用。（圖 1）

圖 1

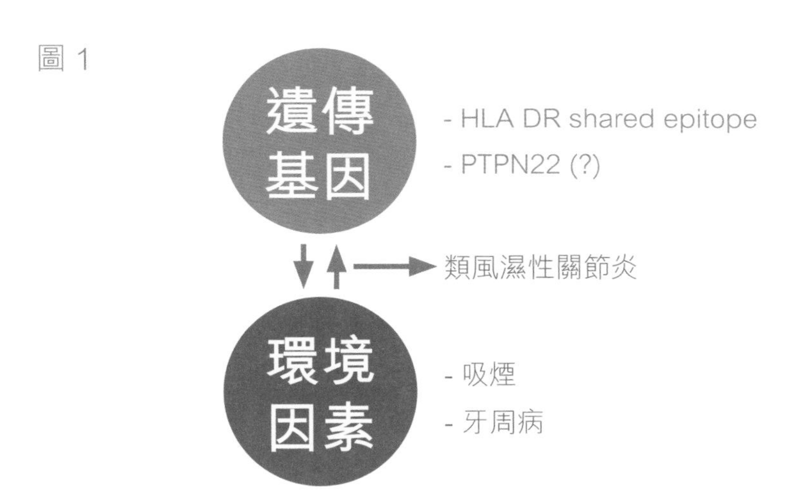

（1）遺傳因素

在以往的觀察中，類風濕性關節炎患者中的近親，除了比一般人有稍多的機會患上此症外，亦可能有較大機會患有免疫相關如紅斑狼瘡、乾燥綜合症、強直性脊椎炎、銀屑病或甲狀腺炎（Hashimoto's thyroiditis）。在其中一個研究顯示，患者的下一代的病發率是常人的三倍；兄弟姊妹則是 4-6 倍。但不要被這倍數嚇怕，因為若病發率在一般人是 1%，那麼下一代便是 3%，換言之即 100 人中有 3 個的機會率。

雙生兒的研究（Twin study）也給予我們一些啟示。同卵雙生（即遺傳因子完全一樣）雖然較異卵雙生的共同病發率高（15% VS 3.5%），但也是遠少於一半。這正正告訴我們遺傳因子只是一個背景因素，需要有其他因素跑在一起，再加上或然率才能引致此病。故此，類風濕性關節炎不是一般所謂的遺傳病。

遺傳學的研究發現類風濕性關節炎與我們的白血球抗原（HLA）有明顯的關係。HLA 的遺傳因子分為不同類別，存在我們細胞核內第六對染色體（chromosome）。染色體是載有我們所用細胞、結構等的所有信息，遺傳自父母各佔一半。HLA DR4 是已廣受肯定與類風濕性關節炎有關。其他 HLA 之外的遺傳因子，包括與 T 細胞有關連的 PTPN22 遺傳因子，相信往後的研究會再發現其他的遺傳因子與這病症有關。

（2）環境因素

坊間及傳統以來，大眾相信類風濕性關節炎與不同的環境因素，如潮濕和日常生活中常常接觸水份有關。但在之前提及的流行病學中，並未有明確證據支持此方面的説法，就如內陸乾燥的地區及國家，並沒有明顯出現較少類風濕性關節炎的個案，反之在吸煙等日常生活習慣等環境因素卻有清晰的數據。

i）吸煙

不同的相關研究都支持，吸煙是引致血清陽性的類風濕性關節炎很強的一個風險因素，特別是帶有 HLA DR4 遺傳因子人士。這是一個典型的臨床例子，說明了遺傳因素和環境因素的相互作用。

吸煙的年資和每天吸食的數量也同樣重要，不吸煙或及早戒煙者亦可能防止類風濕性關節炎的產生。其中一個研究顯示，戒煙多於十年的人士，其患上此病的相關風險較其他持續吸煙者為低。吸煙亦與病情的嚴重性（如關節侵蝕）及削弱治療效果有關。

ii）牙周病

近年有愈來愈多的數據支持牙周病中其中一種細菌（Porphyromonas gingivalis）與類風濕性關節炎有關。可能是與這種細菌帶有一種酵素（Peptidylarginine deiminase, PAD），引致一些蛋白的轉化（citrullination）相關。

（3）其他可能因素

i）職業

工作上會接觸到以下物質的人士較為高危：矽（Silica）、美國世貿中心倒塌時造成的灰塵（World Trade Centre dust）、石棉、木工等；卻未見類風濕性關節炎與濕水相關行業有任何關聯。

ii）肥胖

近年研究顯示脂肪細胞會釋出致炎的相關蛋白。

醒一醒：引致類風濕性關節炎的外在因素

✗ 潮濕	✓✓✓ 吸煙
✗ 濕水工作	✓ 牙周病細菌
	✓ 肥胖
	✓ 石棉

醒目小貼士

戒煙！戒煙！戒煙！

吸煙增加機會引致：

- 患上類風濕性關節炎
- 病情更嚴重
- 更多關節侵蝕
- 削弱治療效果

病理

根據近年的研究，類風濕性關節炎患者整個病情的發展是經過不同的階段，當中牽涉不同的細胞組織和不同的分子及細胞素等。

發病前的階段

在不同的研究中發現，部份患者在發病前的數年（以至十年）身體內的免疫系統已經起了變化。就如在部份患者發病前的血液內已經有機會驗出類風濕因子（RF）或抗 CCP 抗體。此等變化可以由於如吸煙影響了呼吸系統的黏膜或口腔內牙周細菌（P. gingivalis）而誘發了氨基酸改變（Citrullination）。但單單是 RF 或抗 CCP 抗體在血清中出現，並不足以立時引致關節發炎。現時學者相信，真正觸發正式的關節滑膜炎是需要另外一個誘發因素（Second hit），繼而引致免疫發炎反應在滑膜中一連串如發炎細胞的進入及活化。

臨床類風濕階段

當滑膜炎正式開始了，滑膜中不但有巨噬細胞、淋巴細胞（如 T 細胞）和其他單核細胞的進入；並且滑膜細胞出現增生及功能上亦起了變化。

滑膜細胞可大致分為（1）巨噬細胞形態（macrophage-like）的滑膜細胞和（2）纖維細胞型（fibroblast-like）的滑膜細胞。在發病除了細胞不斷增生外，這些細胞會釋放出不同的細胞素（cytokine），如 TNF α 、第一及第六介白素（IL-1, IL-6）。還有，纖維細胞型的滑膜細胞亦釋出不同化學分子和酵素，就如 MMPs、prostaglandin、leukotriene 以上的細胞素，化學分子就引發着不同的致炎步驟；吸引更多的免疫細胞移入，激活免疫及其他細胞。另外，化學分子及酵素就可以破壞關節的組織。

關節的破壞其中是因為滑膜細胞增加成為血管翳（Pannus），而其中的細胞和它伴隨的酵素等物質，變得對關節附近的組織具有侵蝕性；包括了軟骨和肌腱等結構便因此受到破壞。骨骼侵蝕方面就牽涉了骨骼中的成骨細胞（osteoblast）和破骨細胞（osteoclast）。TNF α 及其餘的細胞素透過 RANKL 系統活化了破骨細胞，繼而侵蝕了關節附近的骨骼。

免疫細胞及細胞素（cytokines）

免疫系統內有不同種類的細胞，而他們之間以及和其他細胞相互的信息傳遞可透過細胞素和不同的受體（receptor）產生不同的反應，但不同的疾病側重的免疫細胞及細胞素不同。通過多年的研究，類風濕性關節炎的致病機制中就包括了：

（1）免疫細胞

- 巨噬細胞 / 傳遞抗原細胞
- T 細胞
- B 細胞

（2）主要的細胞素；

- TNF α
- IL-6
- IL-1

而其中 IL-6 當和細胞表面受體結合後，便透過 JAK 的細胞內信號系統，激活了一些相對應的細胞反應。

因為近年醫學科研的發展逐一揭示類風濕性關節炎的背後病理，故此在診斷和治療上不像幾十年，甚至幾百年之前一般推斷一些理論解説。只要細心審視，不難發現以前對類風濕性關節炎其實有很多錯誤理解。並且，因為建基於對此症的病理有更多的了解，締造了生物製劑的研發及臨床使用，患者在過去十數年間無論在病情控制，功能及生活質素，整體身體健康水平等經歷了突破性的改善和進步。

轉譯後修飾
例如：蛋白質瓜氨酸化（Citrullination）
黏膜地方失去免疫耐受

風險因素
基因風險因素（60% 的風險）
非基因的風險因素（40% 的風險）
· 吸煙
· 微生物（如牙周病細菌）

形成自身抗體
例如：抗瓜氨酸化胜肽抗體（ACPAs）及類風濕因子（RF）

沒有檢測到自體免疫病	自體免疫病的開始	
容易患上類風濕性關節炎	臨床前的類風濕性關節炎	早期的類風濕性關節炎
無自體免疫病的症狀或徵兆	無症狀的自體免疫病 血液的細胞介數、趨化因子及 C 反應蛋白增加（CRP） 早期及有症狀的自體免疫病	未分化的關節炎

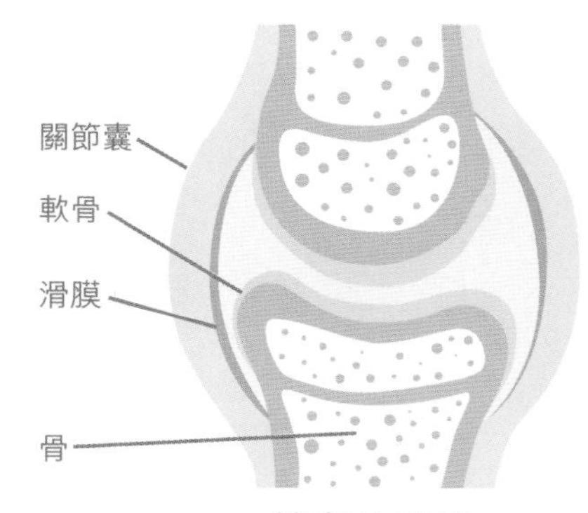

健康的關節

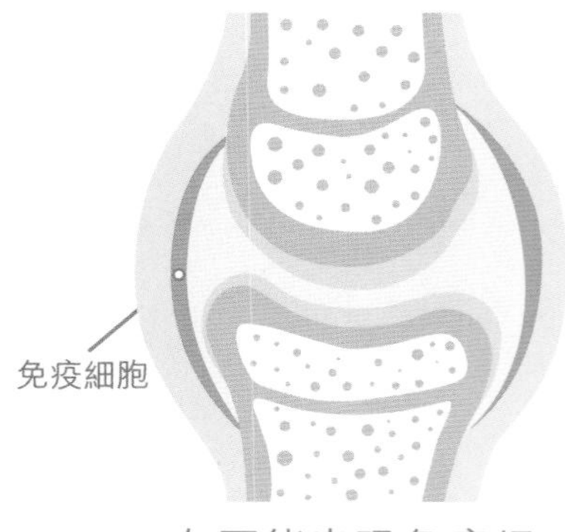

有可能出現免疫細胞滲透，但是大多數屬於正常

圖一：**類風濕性關節炎的形式及進展**、基因及非基因的風險因素皆會促成類風濕性關節炎，在類風濕性關節炎建立前亦可能需要多重的風險因素才引發此病。疾病的進展包含了自體免疫病的開始及傳播，對抗修飾後的自體蛋白質，這過程可出現在非臨床滑膜炎發生前的幾年和臨床的症狀。

增加自身抗體的數目

自體免疫病的傳播

已建立的類風濕性關節炎

可分類的類風濕性關節炎

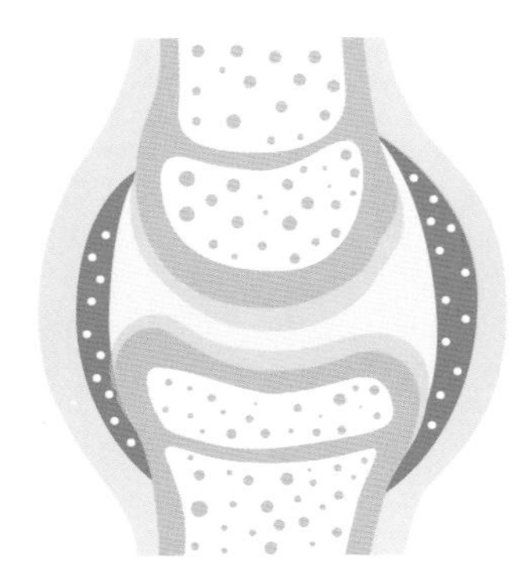

免疫細胞滲透

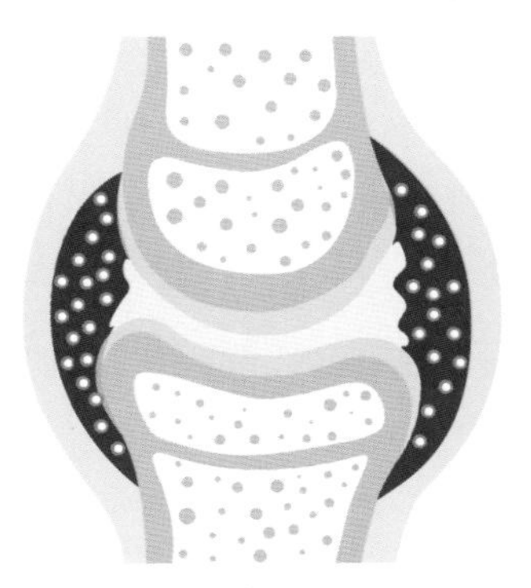

免疫細胞滲透，內層和血管翳增生

關節的徵狀

類風濕性關節炎是一種自身免疫系統疾病，主要是攻擊患者的外周關節。一般人常常提及的對稱性多關節炎，只是它其中一個常見形態，並且它起病時的模式亦因人而異。

關節發炎的徵狀

典型的組織發炎會引致紅、腫、熱、痛，並且會使關節失去功能等五大徵狀。

紅 — 充血及血管增生，增加了血液循環。
腫 — 關節滑膜細胞增生，免疫細胞移入積聚，關節腔積液。
熱 — 因為增加了血液循環，而相對附近的沒有發炎組織較為溫暖。
痛 — 發炎的過程產生物質刺激痛楚神經末稍，所以會感到痛楚，特別是關節受到擠壓或在活動時。
失功能 — 因為關節組織腫脹及疼痛，以致功能活動受到影響。

以上的徵狀不是類風濕性關節炎所專有的，所有炎性關節炎如細菌感染關節炎、痛風關節炎、脊椎類關節炎皆可呈現以上徵狀。反過來說，若是炎症程度較輕或關節較為深入

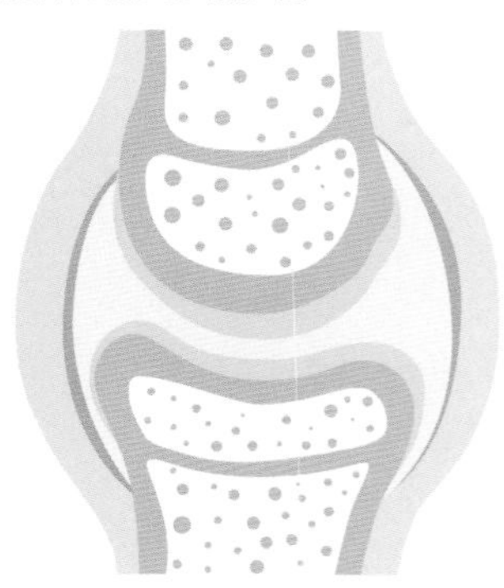

（如肩膀、髖關節）則發炎徵狀未必明顯。

晨僵

晨僵的徵狀是指當關節在沒有多大活動一段較長的時間後（例如經過一夜睡眠後），再次活動時會感覺僵硬了，活動沒有那麼自如。此晨僵感覺會隨着一段時間後消失，而維持的時間愈長，可以反映發炎的情況愈厲害。雖然不是每位活躍的關節炎患者皆有之症狀，但若是晨僵有三十分鐘或以上，便有需要考慮炎性關節炎的狀況。

關節附近的軟組織

類風濕性關節炎患者的關節腫痛，有些情況是來自關節旁邊的組織，而非來自關節本身。當中包括了以下的情況：

（1）肌腱炎 / 肌腱滑膜炎（tendonitis / tenosynovitis）

類風濕性關節炎可以引致肌腱發炎或其滑膜發炎而腫脹，當影響手指的屈曲肌腱（flexor tendon）便可以導致俗稱「彈弓指」（trigger finger）的情況。近年有研究透過磁力共振掃描，發現肌腱發炎可以是類風濕性關節炎患者的前期徵狀。

肌腱亦可以因為關節的發炎組織或變形的骨骼結構引致撕裂或斷裂，例如第四、五的手指伸肌腱（extensor tendon）。持久變形的關節也可導致肌腱收縮變短。

（2）滑囊炎 / 囊腫（buositis / cyst）

受壓的關節部位，或變了形的關節（如拇指外翻），有機會引致有滑囊炎。另外，臨床上常有提及的 Baker's cyst，是類風濕性關節炎可以引致的膝關節後方積液囊腫。Baker's 囊腫可以在一些情況下破裂，囊內的液體滲漏至附近的肌肉或軟組織，引致小腿突發腫痛。

（3）韌帶（ligament）

因為關節腫脹發炎可以令附近的韌帶受破壞而變得鬆弛，因此令到關節變形及脫位。

類風濕性關節炎影響的關節部位

（1）手部

最常見的受影響關節之一，當中特別是掌指關節（metatarsophalangeal joint, MCP）及近端指間關節（proximal interphalangeal joint, PIP）。遠端指間關節（distal interphalangeal joint, DIP）則相對較少受類風濕性關節炎影響，但仍可能發生於個別患者身上。第二及第五掌指間關節是早期骨侵蝕出現的位置。我們不可忘記手部的肌腱包括伸肌腱（extensor tendon）及屈肌腱（flexor tendon）亦是常常受到影響而發炎，以致出現腫脹及破壞，繼而引起彈弓指（trigger finger）或關節脫位變形。

（2）手腕

另一個常見類風濕影響的部位。手腕部位其實包含了腕骨之間的關節

（intercarpal joint）及橈骨（radius）和尺骨（ulnar）與腕骨的關節結構，並且是橈骨與尺骨間的遠端橈骨關節（distal radioulnar joint）。除了關節的滑膜炎外，就如手指部位一樣，在腕部附近有屈及伸肌腱亦可以受類風濕的影響。此外，當韌帶受損，患者的尺骨遠端可往背側移位等現象。患病較久的病人中，有機會出現第四（無名指）及第五（小手指）條的伸肌腱斷裂。患者亦可能出現腕管綜合症，即正中（median nerve）神經受壓。

（3）肘部

當手肘關節受類風濕性關節炎影響時，關節滑膜的腫脹也較易在關節後方發現得到。除此以外，後方的腫脹也可以是鷹嘴滑囊炎（Olecranon Bursitis）。類風濕結節（rheumatoid nodule）亦可以在個別患者鷹嘴及尺骨近端後方找到。

（4）肩膊

肩膊的活動其實涉及盂肱關節（glenohumeral joint），肩鎖關節（Acromioclavicular joint）和胸鎖關節（Sternoclavicular joint）。關節的炎症影響了活動的幅度並疼痛，當關節持續發炎，有機會導致肩旋轉袖斷裂。

（5）脊椎（頸椎）

有別於強直性脊椎炎，脊椎並不是類風濕性關節炎主要攻擊的地方。但當類風濕真的影響脊椎時，則主要是頸椎部位，而且不能忽視。患者的症狀可包括頸痛或後枕頭痛等。頸椎第一及第二節的關節炎會導致結構破壞，這可能出現 C1 — C2 脫位（subluxation），嚴重者有機會引致脊椎受壓以及下身癱瘓。

（6）腳趾及踝關節

這是下肢在早期類風濕較常影響的部位。但過去的研究顯示，這個部位常被忽略。當腳趾的蹠趾關節（metatarsophalangeal joint, MTP）受滑膜炎影響下，步行出現痛楚，患者可能把重心轉至後跟而引起其他問題。後期患者因着關節及韌帶的破損，蹠趾關節會有脫位及變形的情況，增加了走路的困難。足踝關節當有關節炎攻擊時，再加上是其中一個負重的關節，故此若容讓關節炎持續便容易出現變形。踝關節旁側的肌腱亦可同時出現肌腱炎。

（7）膝關節

因為滑膜炎，膝關節會出現疼痛，積液腫脹。當積液在膝關節的後方，便會出現貝克氏囊腫（Baker's cyst）。這個貝克氏囊腫可以爆破而滲出關節液到附近肌肉組織和引致急性小腿紅腫及痛楚，有時臨床上難以和小腿中的深層靜脈栓塞分辨清楚出來。後期患者因着長期發炎可引致繼發性退化骨關節炎以及變形如膝關節外翻等。

（8）髖關節

較常在患病一段較長時間的病人中，痛楚一般在前方或後方深處，在個別的患者可能把髖關節的徵狀投射到膝關節去。旁側的疼痛一般是大轉子的滑囊炎（trochanteric bursitis）。

（9）其他部位

個別患者可能固滑膜炎攻擊顳下頜關節（temporomandibular joint）而影響下顎的活動，説話及進食因此受到影響；喉部的小關節也有機會受到發炎影響而致聲音沙啞。

病情的發展過程

類風濕性關節炎的病發形態可分為

（1）緩慢，逐漸

最常見的起病形態（50%），以數月以上逐步發展。

（2）亞急性

約數星期至月計，估計佔 20% 至 40% 患者。

（3）急性

較為少見的起病形態（10%-25%），患者於數天至星期之內發展出明顯的活躍關節炎。

患者首先受影響的關節也可以不同的。雖然小關節是較常見，但亦有不少的患者是大關節（如膝關節）作為起病關節。此外，值得我們注意的是起病時的受累關節的數目及情況：

• 單關節	21%
• 少關節（2 - 4 個）	44%
• 多關節（25 個）	35%

不少患者，甚至醫護，因為認定類風濕性關節炎必然是多關節對稱性的，故此延誤了及早就醫或作出適當的檢查，繼而錯失了治療的黃金期。

起病後多數患者發覺逐漸地有更多的關節受到影響，原來的發病關節可以有改善，但仔細的臨床檢查下，常常發現有持續的滑膜炎。有小部份患者以陣發性風濕病（Palindromic rheumatism）的形態發展，患者的關節炎會在數天至兩星期內完全消失，之後再於相同或其他關節出現。亦有較罕有的情況下，特別是從事體力勞動的患者中，他們的關節持續發炎及破壞，卻沒有明顯痛楚，直至關節的功能明顯喪失。

除了關節的症狀外，不可忽略的是部份患者發病的徵狀如彈弓指的肌腱炎，或是腕管綜合症。在急性發作的患者中亦較常發現一些體質性徵狀如疲乏易累、低燒、消瘦等。

總括來說，雖然類風濕性關節炎不是罕見病，在大眾市民中亦略知它的典型病徵，但它的徵狀其實因人而異，初時起病的受累部位及數目大多不是最終的多關節對稱小關節。故此若是關節問題反覆未能處理好，可能應考慮類風濕性關節炎的可能性，並找風濕專科醫生作適當評估。

關節外的症狀及疾病相關併發症

類風濕性關節炎不但影響關節筋腱，亦會導致全身多個器官發炎，同時併發其他疾病。因此，在覆診時醫生會因應其他症狀一同治療。

（1）骨骼

常見的骨骼問題包括骨質疏鬆。根據研究顯示，類風濕性關節炎患者患上骨質疏鬆的機會，較一般人高 1.5 至 2 倍，當中的原因與炎症影響骨質密度有關，患者又會因為痛楚而影響活動能力，減少運動，繼而影響骨質密度；而且，患病時間愈長、女性、更年期後、年紀大的類風濕性關節炎患者，患有骨質疏鬆的機會都會較高。此外，醫治類風濕性關節炎的藥物例如類固醇，都會增加骨質疏鬆機會。類風濕性關節炎患者若有吸煙習慣，病發率亦會較高。

醫生在治療骨質疏鬆時，會因應患者的身體狀況、服用的藥物及骨質密度檢查，去判斷患者骨折的風險。類風濕性關節炎本身，已在多個不同研究中證實，是增加骨折風險的原因之一，所以如醫生懷疑類風濕性關節炎病人有骨質疏鬆風險，一般都會建議病人進行骨質密度檢查，評估骨折風險，如果骨折風險較高，醫生便會建議展開治療。要預防骨質疏鬆，患者應注意飲食，當食用含鈣質、維他命 D 的食物，多做負重運動，都可以減低骨質疏鬆機會。

（2）肌肉

肌肉毛病包括肌肉無力、肌肉發炎等情況，主要由於患者的活動能力因為痛症而減少；有部份藥物亦可能會影響肌肉，例如類固醇會增加肌肉無力的機會、羥氯喹則會引起較嚴重的、罕見的影響肌肉副作用。

（3）皮膚

皮膚毛病是類風濕性關節炎病人較常見的關節以外病徵，例如長時間且病情嚴重的類風濕性關節炎病人，他們會因為血管發炎而引致皮膚潰爛，一般來説這些都是嚴重病情的類風濕性關節炎症狀。這些病人需要接受較積極的治療，去控制身體的發炎情況。

值得一提的是，長期出現類風濕性因子陽性反應的病人，特別容易出現風濕結節。風濕結節常見於身體上受壓力位置，例如手踭、手背、腳關節等。由於現在已能較早診斷類風濕性關節炎，大部份病人都已得到早期的治療，所以風濕結節情況也並非常見。

亦有部份病人因為藥物的副作用而引起皮膚毛病，例如類固醇會令皮膚變薄、金喹納會增加皮膚色素沉着。

（4）眼睛

眼睛毛病包括眼乾、鞏膜炎、虹膜炎等。眼乾症屬於較常見的一種症狀，類風濕性關節炎患者中的 10% 至 20% 個案均有明顯眼乾症，或者需要使用人工淚水，甚至接受眼科專科醫生的治療。

一般來說，鞏膜炎並非常見，只佔少於 5% 個案，但是如果患者出現這些病徵，均代表身體發炎情況嚴重，需要接受進取、積極治療。

（5）肺部

類風濕性關節炎會影響肺部多個不同部份，較常見的如肺纖維化，但程度因人而異，並非所有患者的情況均屬於嚴重程度；較嚴重的則包括肺膜發炎、胸腔積水或積液等，較常見的亦會引起。此外，影響肺部的藥物副作用雖然罕見，但如甲氨蝶呤，仍有機會引起肺部發炎。

如患者服用改善病情抗風濕藥時，出現無故發燒、咳嗽、胸口位置疼痛等，都應立即向醫生報告並進行檢查，以便及早了解是否出現嚴重感染，如肺炎、肺癆、抵抗力下降而引起肺部感染。如醫生懷疑病人出現肺纖維化或其他病變，會安排患者接受肺 X 光及電腦掃描。

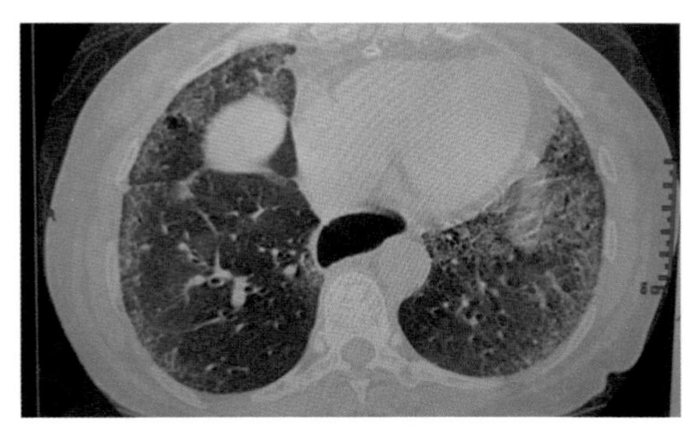

電腦掃描顯示肺部間積性肺炎

（6）心臟疾病

長期發病的類風濕性關節炎患者，代表未能有效控制炎症，有機會引起心包發炎、心肌發炎等不常見的併發症。患者的病徵包括：心口痛、運動時容易出現氣促等。類風濕性關節炎患者，亦較易患上心血管疾病。研究顯示，患者較同年齡人士出現心血管病變的機會風險高 50%。類風濕性關節炎本身亦會增加血管病變風險、粥樣硬化、高血壓、糖尿病、高膽固醇等機會。而患者長期服用非類固醇消炎止痛藥、類固醇，都會增加心血管疾病風險。

罕見心臟病併發症包括風濕結節、心臟澱粉樣病變，這些都屬於長期發炎未有受到控制的風濕性關節炎患者的併發症。由於現時患者都會有適當的治療以處理心血管疾病風險，加上治療的藥物及患者定期接受評估心血管疾病風險水平，所以這些併發症現時已非常少見。其他心臟併發症包括心律不正、心衰竭。

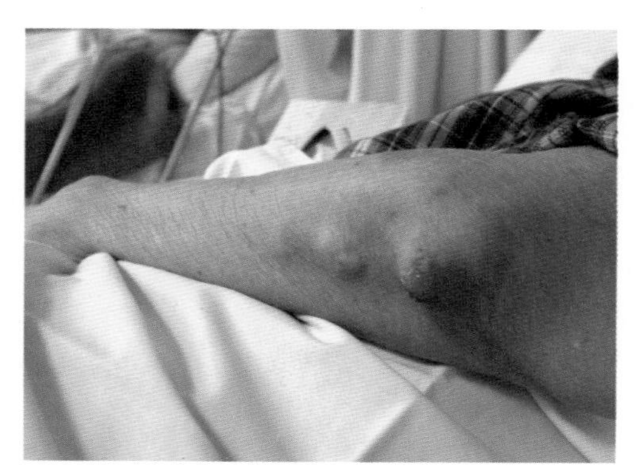

圖片顯示病人在手肘出現類風濕性結節

（7）血管發炎

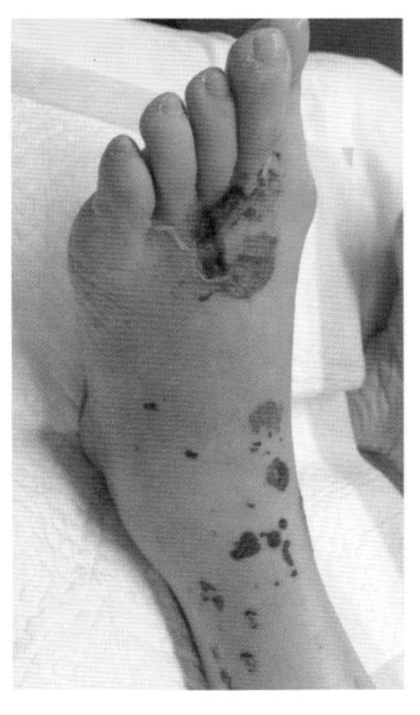

病人的腳部出現瘀點和紫斑

對於長期、嚴重的類風濕性關節炎患者，他們有機會出現血管發炎情況，病徵包括皮膚潰爛、微細血管病變，例如手指、腳趾因為含氧量減低而發紫，但是有關情況已非常少見，一般藥物都已能有效控制發炎情況。

（8）腎臟

相對起其他風濕科疾病，類風濕性關節炎較少影響腎臟，但治療藥物如非類固醇消炎止痛藥，有機會影響腎臟功能；如患者本身的腎臟功能較差、年紀較大，醫生會避免處方舊式抗風濕藥物，例如金製劑，以減低引起腎臟發炎的機會。

（9）血液

血液毛病包括貧血，類風濕性關節炎病人若果病情嚴重時，通常會有輕微貧血，但當病情改善時，貧血情況亦會相繼改善。患者一旦出現貧血，醫生會先檢查是否有其他原因，例如消炎止痛藥引起腸胃出血等，如有懷疑，醫生會安排患者接受腸鏡、胃鏡檢查，以排除腸胃出血情況。

另外，費爾提示綜合症（Felty's Syndrome）亦是其中一種類風濕性關節炎患者有機會出現的血液毛病，病徵包括白血球水平下降、血小板下降、貧血、脾臟脹大、皮膚潰瘍（特別是腳部），常見於病情活躍的類風濕性關節炎患者身上，但是由於現時大部份患者的病情控制機會較好，已經比較少見。

（10）淋巴組織

類風濕性關節炎患者亦會增加患上淋巴病變的風險，例如淋巴組織增生性疾病或淋巴癌。研究顯示，長時間發炎或炎症不受控制的患者，其患病風險較高，主要病徵包括皮膚下淋巴脹大，不明顯病徵包括：發燒、消瘦等。如類風濕性關節炎患者有類似病徵，就必須接受進一步檢查，了解是否有淋巴組織疾病問題。

（11）神經系統

中樞或周邊神經系統病變。常見的疾病包括腕管綜合症，患者的手腕神經會受到發炎的組織擠壓，特別是於臨天光時段，手指會出現麻痹、痛楚。醫生會為患者分辨致病原因，例如進行神經傳導檢查，如果患者是由於類風濕性關節炎引起的腕管綜合症，只要當發炎情況改善，腕管綜合症的病情亦會好轉。但是有小部份患者，可能需要接受局部類固醇治療或手術。

其他神經系統病變較為少見，例如多發性單神經炎、周邊神經病變，病徵包括腳部活動無力、無法活動、感覺異常等。

嚴重病情的類風濕性關節炎患者，有機會影響頸椎移位，移位的組織壓着脊柱或神經根，引起手腳活動或感覺異常，如患者有嚴重頸椎痛、手腳不正常活動、麻痹、大小便不正常等情況，應立即通知醫生。

（12）乾燥綜合症

由於類風濕性關節炎屬於自身免疫系統問題，患者患上其他自身免疫系統疾病的風險都會較高，其他常見疾病包括乾燥綜合症。

乾燥綜合症的成因與分泌腺體發炎、唾液及淚水分泌下降有關。患者會出現口乾、眼乾等病徵，需要接受專科醫生的診斷，包括淚液分泌試驗、口水分泌檢查、驗血了解是否出現乾燥綜合症抗體呈陽性反應。

乾燥綜合症的影響包括：眼睛長期乾澀、不適、刺痛，繼而增加發炎機會；長期口水不足亦會引致口腔不適、蛀牙機會增加。患者可使用人造淚水治療眼乾問題，亦需注意口腔健康，定期接受牙齒檢查；每天小量、多次飲水，或咀嚼無糖香口糖以提升口水分泌。

關節外病徵小貼士

（1）隨着多種有效的藥物出現，現時已能較有效幫助患者控制病情，過往常見的嚴重關節外併發症，已變得非常少見。

（2）類風濕性關節炎患者的心血管疾病風險較同齡人士高，患者應留意心血管疾病控制，例如戒煙、控制血壓、血糖、膽固醇，有效控制病情可減少心血管疾病風險。

（3）類風濕性關節炎是引致骨質疏鬆的高危因素之一，所以患者應多吸取鈣質、維他命 D 等。如果骨質密度檢查發現骨折風險較高，應接受骨質疏鬆藥物治療。

類風濕性關節炎的併發症
——專訪中文大學醫學院內科及藥物治療學系譚麗珊教授

提起類風濕性關節炎，大部份人都會即時聯想到關節的疼痛和僵硬。不過一般人可能不知道，類風濕性關節炎也會引起全身上下不同器官的併發症，例如眼睛、皮膚、肺、心臟、血管等，都有可能受到波及。以上種種不同的併發症，有的是由於疾病本身所引起，但是亦有部份是由於藥物而造成，患者或其照顧者都應小心留意。

中文大學醫學院內科及藥物治療學系譚麗珊教授表示，類風濕性關節炎是由於身體內的免疫系統失常，導致體內產生許多不必要的發炎性物質及自體抗體（如類風濕因子），所以患者全身上下不同器官都有機會出現併發症，其中較常見的是出現乾燥綜合症、骨質疏鬆、心血管疾病、肺纖維化（又稱肺硬化）。

（1）乾燥綜合症

乾燥綜合症最常影響的腺體是唾腺和淚腺，因此類風濕性關節炎患者最常見的臨床症狀是口乾和眼睛乾，但事實上其他含上皮細胞的器官亦可能受影響。類風濕性關節炎患者並非一確診類風濕性關節炎便會出現乾燥綜合症，大多是患病後數年始有病徵。

一般來説，由於淚腺受破壞致淚液減少，病人會覺得眼睛乾澀或含沙的感覺；另外，由於唾腺被破壞，病人會覺得唾液減少，吃東西時食物易黏附於口腔內側，須常飲水。患者亦要留意，由於缺乏唾液，口腔內會較易滋生細菌，患者亦會較易出現蛀牙問題。

治療方面，對於乾眼部份，患者可使用人工淚液或藥膏改善其症狀，嚴重者可能需每隔 2 小時滴眼藥水一次。口乾問題則需靠患者分多次、小量小量地飲水去改善，而口乾病人常有的蛀牙問題，則需靠口腔保健工作處理。

（2）骨質疏鬆

類風濕性關節炎患者本身受炎症的影響，會較易出現骨質疏鬆風險，患了類風濕性關節炎的患者又會由於關節疼痛，會減少進行運動鍛煉，缺乏運動下，對關節上的肌肉神經刺激又會減少，久而久之會使得肌肉上的骨質減少，提升骨質疏鬆風險。另方面，如患者的病情嚴重，有機會要使用類固醇控制病情，繼而又再增加出現骨質疏鬆機會，所以類風濕性關節炎患者出現骨質疏鬆的機會較一般人高。患者切勿忽視骨質疏鬆的影響性，患者因為關節受損，會導致活動力受限，加上骨質疏鬆問題讓骨質持續流失，如果跌倒，容易增加骨折風險，如果造成髖骨骨折與腰椎骨折，往往造成不良於行或須長期臥床，增加併發症與感染風險，甚至造成死亡。

要減低骨質疏鬆的影響，最重要的是及早發現病情，否則患者在出現骨折後始知患有骨質疏鬆便已太遲。如類風濕性關節炎患者是已收經的女士，或正服用類固醇，醫學界都會建議他們同時服用維他命 D 及鈣片補充劑作預防；至於接受骨質密度檢查後發現有骨質疏鬆高風險的類風濕性關節炎患者，則可使用補骨藥（又稱補骨針）去治療骨質疏鬆。

如果接受骨質密度測試後沒有任何發現的患者，可隔 5 年再接受測試，至於確診有骨質疏鬆並開始用藥的人士，醫生會密切監察並評估風險，再決定甚麼時候需再接受骨質密度檢查。

（3）心血管疾病

動脈血管粥樣硬化的機制與炎症有關，而類風濕性關節炎患者體內長期發炎，因此血管的內皮細胞容易被破壞，加速動脈硬化的速度，進而增加心血管疾病的風險。過去更有研究顯示，類風濕性關節炎患者出現心血腦疾病的機會，較同齡人士高 50%。而事實上，類風濕性關節炎患者很少會因為關節痛問題而死亡，但卻會因為心血管疾病而提早過身，所以除了控制炎症外，患者更要注意心血管疾病的風險因素，例如血壓高、膽固醇、糖尿病等。

現時，醫學界已訂立不同的指標去監察類風濕性關節炎患者，有否將病情好好控制。一般來說，患者在覆診期間須向醫生透露有多少個關節出現疼痛，以及發炎指數，例如血沉降、C 反應蛋白等，患者更需要就自己的整體病情，包括紅、腫、熱、痛、梗等各方面評分，如覺得情況已完全改善，會以 0 分為標準，如覺得病情非常差，則以 10 分為評分。醫生會透過以上資料及病人功能評估問卷調查，再配合程式軟件工具，便可計算出患者的病情活躍指數。治療類風濕性關節炎患者的目標，當然是希望他們的病情能夠達到緩解階段，緩解即代表無痛、無腫、發炎指數正常。如果未能達到緩解級別，醫生亦希望患者可以達到低程度活躍階段。

有研究顯示，長期使用甲氨蝶呤（Methotrexate, MTX）或生物製劑的患者，心血管風險的程度較低。最近亦有報告顯示，病人如能持續處於低活躍指數或緩解階段，相較病情控制差的患者，他們因為心血管疾病而死亡的風險亦會較低。

所以患者應與醫生合作，每次覆診時都盡量達標，即達到低活躍程度或緩解階段，一旦未能達標就應調校治療免疫系統藥物，以減低將來出現心血管疾病的機會。

（4）肺纖維化

類風濕性關節炎患者中約 10% 至 15% 的人會有肺纖維化問題，但肺纖維化的程度和類風濕性關節炎的嚴重度或患病長短並無明確關係。吸煙是其中一種增加肺纖維化的原因，亦有極小部份類風濕性關節炎患者的肺纖維化或與類風濕性關節炎治療藥物甲氨蝶呤、來氟米特藥物有關。一般來説，患者病發時會有乾咳、氣促等病徵，例如以往買餸可以行3層樓，但病發時卻步行一層樓梯便已經有氣促，不過如果患者沒有做運動習慣的話，會較難發現這些徵狀。至於有吸煙習慣的類風濕性關節炎患者，切勿單純以為咳嗽只與吸煙有關，忽略肺纖維化的可能性而延誤診治。

患者如果懷疑自己有肺纖維化情況，應與醫生商討安排照肺片及接受肺功能測試，如果必要可再安排接受肺部電子掃描進一步確診。

肺纖維化並非小事，有機會增加類風濕性關節炎患者出現肺部感染的機會，長遠亦會增加死亡風險，而且患者一旦確診有肺纖維化後，治療類風濕性關節炎的藥物選擇亦會有所限制，所以及早治療控制病情，對類風濕性關節炎患者的整體健康都是非常重要的。

診斷

若懷疑患類風濕性關節炎，風濕病科專科醫生會先與求診人士進行問診及臨床檢查，如發現類風濕性關節炎的特徵，便需要安排進一步的血液和造影檢查，以作診斷。

診斷準則

（1）發炎性關節炎

一定數量的關節發炎，即出現紅、腫、痛、熱等徵狀。最典型的發炎位置為掌指關節（Metacarpophalangeal joint，簡稱 MCP）及近端趾間關節（Interphalangeal joint，簡稱 PIP）。

（2）診斷標記

（i）類風濕性因子（Rheumatoid factor，簡稱 RF）

約七至八成類風濕性關節炎患者的血清中都帶有類風濕性因子。

然而，這種標記的特異性不高，也可能出現於其他病患之中，包括免疫系統病，如系統性紅斑狼瘡，感染如丙型肝炎、肺結核，以及癌症如血癌、淋巴癌等。

此外，5% 至 10% 健康人士的血清中有可能驗出類風濕性因子，但並無發病，屬於「假陽性」。隨着年齡增長，出現假陽性的幾率會愈來愈高，但不等於患病。

因此，即使類風濕性因子呈陽性，仍須檢查其他臨床上的特徵，才能斷症。

（ii）抗環瓜氨酸抗體（Anti-cyclic citrullinated peptide，簡稱 Anti-CCP）

敏感度與類風濕性因子相若，出現於六至七成類風濕性關節炎患者的血清中。抗環瓜氨酸抗體的特異性達 95%，換言之，只有 5% 機會由其他病症引致。

醒目小貼士

- 類風濕性因子和抗環瓜氨酸抗體的度數愈高，特異性則愈高，準確度亦會愈高。若數字「擲界」，特異性就相對較低，亦未必足以判斷是否患病。
- 若在血清中發現標記，但並無發病、發炎，則不能確診，惟日後的發病的機會較高。亦有個案已發病但不自知，或由其他病症引起，建議先讓醫生評估。
- 標記只需檢驗一次用於診斷，不能用作監察病情的標準，度數高低與病情嚴重程度無直接關係。

（3）發炎指數（Acute phase reactants，簡稱 APR）

紅血球沉降率（Erythrocyte sedimentation rate，簡稱 ESR）和 C- 反應蛋白（C-reactive protein，簡稱 CRP）都可反映體內是否發炎，以及炎症的活躍程度。

一般而言，炎症愈嚴重，發炎指數會愈高。但這個指標也有限制，如患者發炎較不嚴重，只有一至兩個小關節發炎，指數有機會偏向正常。因此，部份人士即使發炎指數正常，仍須接受臨床檢查，才能判斷關節是否發炎。

須注意的是，發炎指數只是就體內產生炎症的情況作出「警示」，但不能分辨發炎因由，發炎或可能由其他病症引致，如感冒、感染等。如情況許可，可待發燒、感冒或其他感染康復後才接受此項檢驗，以得到較準確的結果。

新、舊診斷標準

醫學和科技發展一日千里，隨着愈來愈多測試、檢查、指標的出現，類風濕性關節炎的診斷標準也不斷改變和更新。

2010 年前，診斷均參考美國風濕病學會在 1987 年訂立的標準，以 X 光造影結果為主，觀察患者的骨骼和關節是否出現類風濕性結節、侵蝕等情況，並要求病徵須持續六週或以上。以此標準確診的患者，很多時候病情已屬後期（Established rheumatoid arthritis）。

2010 年起，美國風濕病協會採用新標準「ACR/EULAR」，不再以 X 光為主要診斷方法，病徵亦不必持續六週，並加入抗環瓜氨酸抗體等新指標。設立新標準的目的，是希望及早偵測早期類風濕性關節炎（Early rheumatoid arthritis），從而能在黃金期內展開治療，達到早期緩解。

2010 年 ACR/EULAR 診斷標準

（1）受影響的關節範圍和數目
（2）指標度數，包括類風濕性因子和抗環瓜氨酸抗體
（3）發炎指數
（4）病徵持續時間

醫生會根據以上四個範疇評分，多於 6 分的個案，很大機會是類風濕性關節炎。不過，部份個案即使不足 6 分，也可能患有類風濕性關節炎，只是病情未算嚴重，或需繼續跟進。

臨床檢查

（1）判斷關節是否發炎，通常會出現紅、腫、痛、熱等典型徵狀。
（2）觀察關節發炎分佈，最典型的發炎位置為掌指關節及近端趾間關節，即圖中所示位置（圖一至三）。

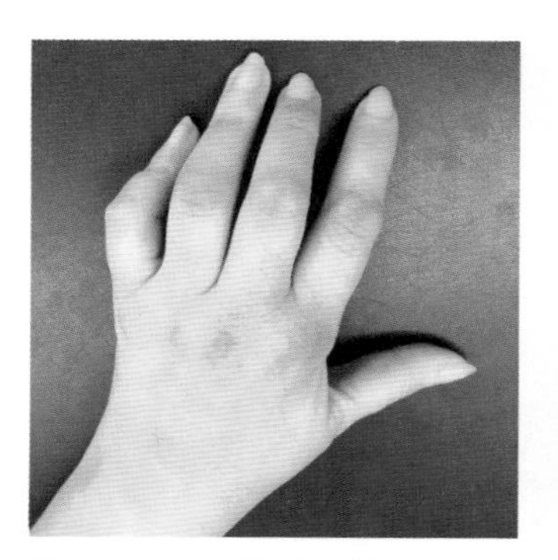
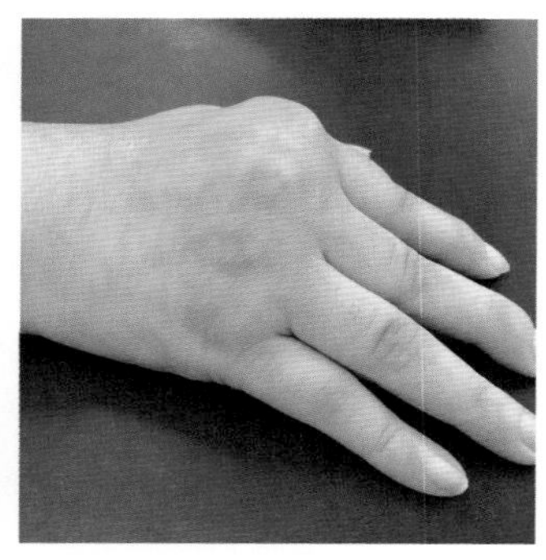

圖一及二：長期的關節發炎可以導致手指關節變形，影響手部正常的活動。

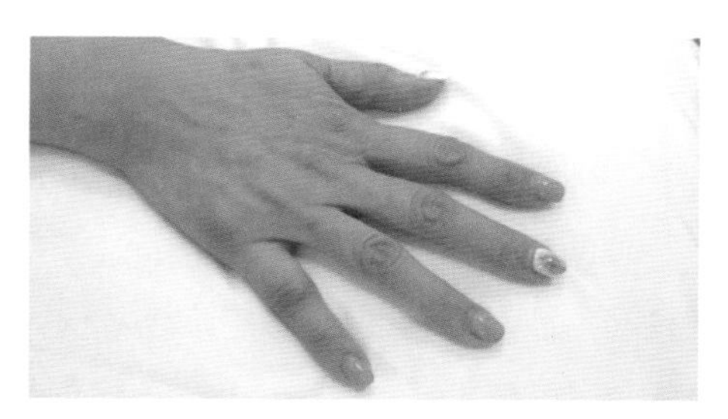

圖三：早期的關節發炎

（3）點算受影響關節數目，醫生一般會逐一檢查 28 個最常受影響的關節，記錄出現腫痛的位置。然而患者其他關節亦有不適，醫生也會針對檢查這些關節。

（4）評估關節活動功能。

（5）觀察關節以外的病徵，如風濕性結節、皮膚變化、眼睛變化等。

醒目小貼士

患者不妨多記錄病情，並在會見醫生時提供以下資料，以便作出精準診斷和安排治療。

（1）出現腫痛的關節

（2）關節以外的病徵

（3）病徵出現時間

（4）驗血、掃描報告

（5）曾經或正在服用的藥物名稱

血液及影像檢查

（1）血液檢驗

可檢查發炎指數，以及偵測類風濕性關節炎的指標，包括類風濕性因子和抗環瓜氨酸抗體。

醒目小貼士

定期驗血的重要性

（1）觀察發炎指數，反映炎症的活躍程度。

（2）檢驗是否有併發症，例如影響腎臟或其他器官。

（3）觀察藥物有否引致副作用。

（2）影像檢查

（i）X 光造影（圖四至七）

X 光用於診斷類風濕性關節炎歷史悠久，可觀察骨質密度下降、關節之間間距收窄、骨骼出現侵蝕、關節變形等變化。

然而，以上提及的變化大多無法逆轉，亦意味着病情已達後期。有研究發現，在 X 光中發現這些變化患者，15% 至 30% 人在一年內出現掌指關節及近端趾間關節侵蝕，如無適當診治，兩年內的侵蝕率則上升至 90%，可見及早治療的重要性。

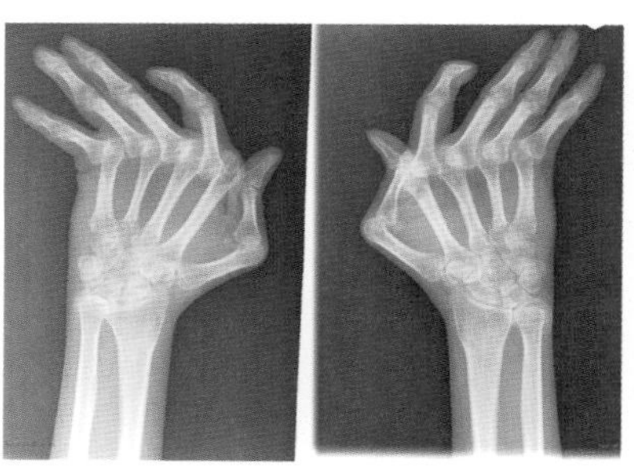

圖四：X 光顯示手指 MCP 和 PIP 關節因長期類風濕性關節炎影響的變形

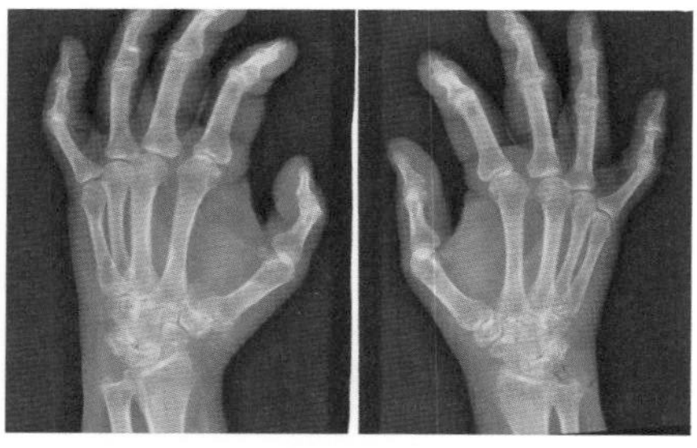

圖五：X 光顯示關節出現侵蝕

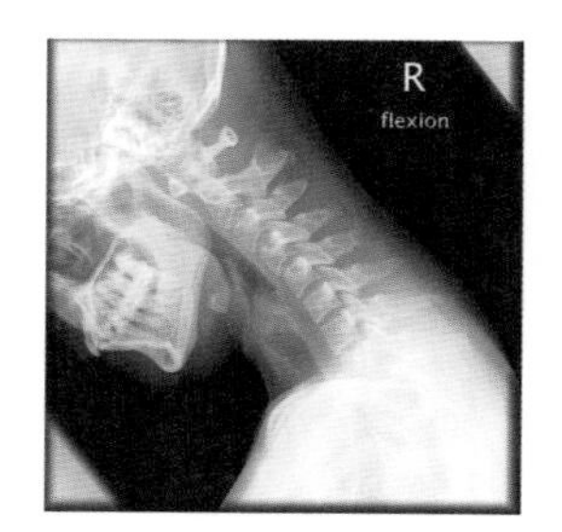

圖六：第一和第二節頸椎骨因長期發炎引致的鬆脱和不穩定

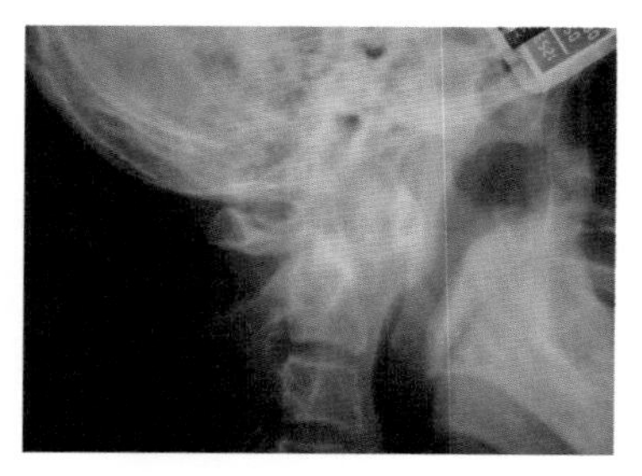

圖七：圖片顯示受累關節 C1-C2 脱位

(ii) 超聲波檢查（圖八至十）

近年，超聲波的顯像技術有所進步，探頭能偵測淺層結構，也證實比 X 光準確和敏感，可用於診斷早期類風濕性關節炎。以往，較輕微的關節發炎只能靠觸診判斷，現在則可用超聲波作更客觀的觀察。

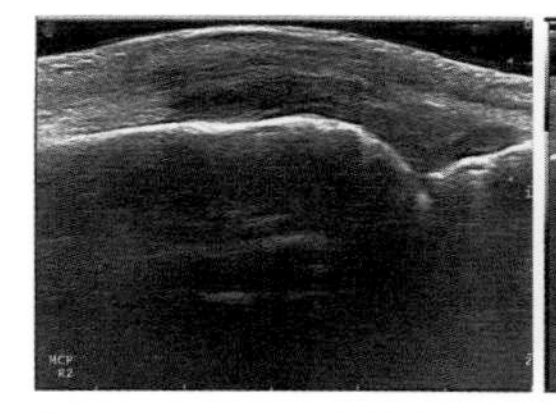

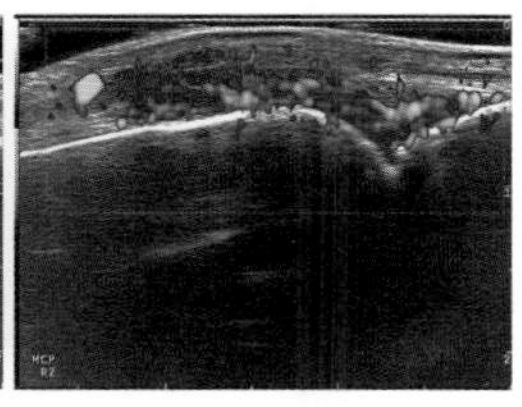

圖八及圖九：活躍發炎引致關節附近的骨骼變形

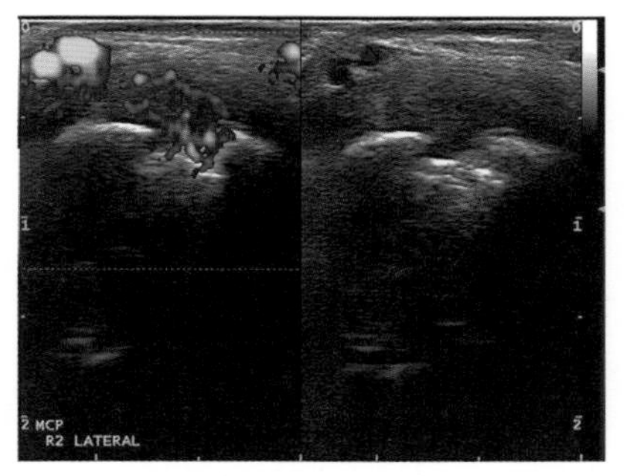

圖十：關節滑膜增生（左邊）；橙黃顏色反映血流（Power Doppler），代表活躍關節滑膜炎。

- 肌骼超聲波（Musculoskeletal Ultrasound，簡稱 MSUS）

清楚展示關節、筋腱、韌帶、肌肉、軟組織等，醫生亦可利用灰階檢查，觀察滑膜炎、滑膜增生等情況。

- 多普勒超聲波（Doppler Ultrasound）

用於偵測微血管血流，觀察發炎情況，判斷關節痛楚原由。

（iii）磁力共振掃描（Magnetic Resonance Imaging， 簡稱 MRI）（圖十一至十二）

（iv）比X光和超聲波更為敏感和準確，能在病發早期偵測變化，如骨發炎、侵蝕等。有研究發現，45% 患者在出現病徵的首四個月，已能從磁力共振中發現骨侵蝕。

不過，磁力共振價錢較高昂，除有特別需要的患者外，不一定需要接受此檢查。

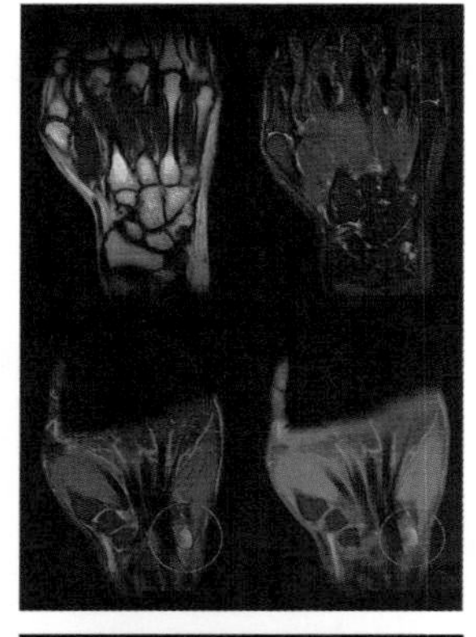

圖十一：磁力共振顯示手腕關節發炎，並有關節侵蝕

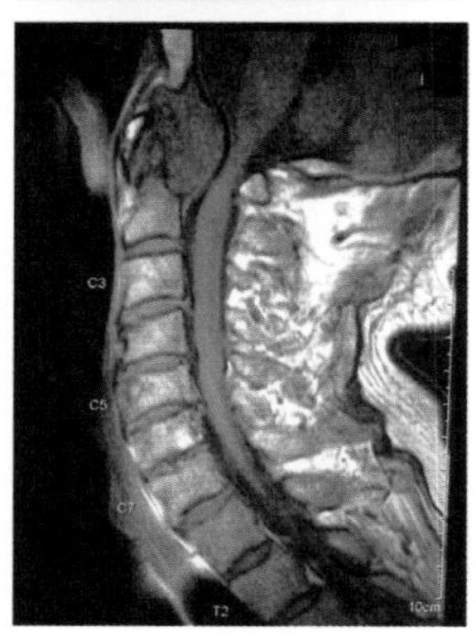

圖十二：圖片顯示軟組織增生擠壓脊髓血管炎

醒目小貼士

切勿延誤診治

如發現類風濕性關節炎的病徵，應盡早求醫，風濕科醫生會以有科學實證的方法作適當的診斷和治療。若能及早診斷和治療，可達到早期緩解，避免損害關節和活動能力。

病情評估和監察

當患者確診患上類風濕性關節炎，便要接受不同的檢查和評估。這些無論是臨床檢查、驗血及其他如造影檢查。背後重要的目的可大致分為：

(1) 初診後的基線檢查以評定病情的活躍程度，和協助選擇病者最適切的治療。
(2) 定期監察（一般按病情、所用治療等，由最初每數週，到病情初步穩定後，每三至六個月不等）以檢測病情的活躍程度和用藥的安全性。
(3) 預防或及早發現疾病或藥物引致的併發症。

讓我們先談談類風濕性關節炎的活躍性評估，因為它是有效治療核心要素。

類風濕性關節炎的病情評估

正確及客觀的病情（關節炎）的評估，對疾病和治療的成效尤其重要。在臨床經驗中，常常不乏患者以主觀的關節疼痛作為病情的指標，因此而忽略了身體不同的關節部位仍有持續的炎症。單以關節疼痛改善為依歸時，不只是可能錯失了黃金治療期，及後引致不能逆轉的關節變形及破壞，最終生活的功能上有殘障，凡此種種是病患及醫護也不願看到。

還有通過以往幾十年的研究，現在在國際間風濕專科所廣為接受便是「及早治療」，因為適當治療在病發初的黃金期是可以改變疾病的演變。再加上「達標治療（treat-to-target）」（見治療篇）以求定時客觀評估並適時調整藥物以求清除發炎步向緩解（remission），也是需要客觀的評估。

不同的評估病情工具

（1）病徵及感受 ——較主觀，未必真正反映病情

- 疼痛程度（如：visual analogue scale — pain）
- 總體病情程度（如：visual analogue scale — patient global）
- 晨僵（如：早上起來關節僵硬維持多少分鐘）但要留意的是部份患者根本沒有晨僵
- 疲乏感（fatigue）可以透過一些製定問卷作評估

（2）臨床檢查

- 疼痛關節數目（tender joint count）雖然反映病情，這亦牽涉患者的主觀感受
- 腫脹關節數目（swollen joint count），在一些造影研究中，臨床檢查會走漏了一些沒有那麼明顯的受滑膜炎影響的關節。

（3）驗血檢查

- 紅血球沉降率（ESR）是一個反映持續（慢性）發炎的指標

- C- 反應蛋白（CRP）是反映（急性）炎症的指標

  以上兩者，各有用處但同時亦可能因關節以外的問題引致指數上升，正如抽血期間有感染等；並且患者有機會只在其中一項可以較能反映發炎情況（一般血沉降率比較 C 反應蛋白較佳）。值得一提是個別患者，特別是本港以外的病人，仍然使用類風濕因子的滴度 / 濃度來評定病情的活躍性。半世紀之前的醫科書曾有此建議，但近代發現它並不是可信賴的適時活躍程度指標。

（4）造影 / 放射檢查

臨床及驗血檢查有一定的局限和盲點，所以隨着科技的發展造影檢查是容讓病患醫護更能清晰了解真實的情況。

- X 光檢查：敏感度較低，主要是看關節的破壞，不是看活躍性
- 電腦掃描：近年有硬件以上的進步可以探測關節的早期侵蝕，但亦是主要看破壞程度
- 磁力共振：不單只可以顯示關節破壞，亦同時可以顯示出骨骼內的「水腫」，還有關節積液，滑膜增厚，肌腱及肌腱滑膜炎等。故此在評估病情的活躍度時，遠勝於 X 光及電腦掃描，但在很多情況下需要使用造影劑（contrast），並且每一個關節部位（如手、腳、肘關節）需安排一節約半小時或更長的檢查時間；患者若有幽閉恐懼症亦可能未能進行檢查。由於磁力共振的儀器昂貴，因此無論所花檢查費用或某地區的儀器數目都影響了它的普及性。
- 關節肌骼超聲波：超聲波可以檢查軟骨關節骨骼的表面，軟組織如或滑膜增生、肌腱、韌帶等。透過多普納（Doppler）的技術亦可幫

助探測關節滑膜的活躍發炎。不同的研究顯示可以作為診斷及追蹤病情變化。它的好處是儀器硬件較便宜及可攜性高，同時可以作多關節的檢查，並且病人舒適度及接受度高（包括小孩）。可是使用超聲波的技術及分析需要一定的訓練，及有一定程度的操作者的差異問題。

（5）複合的病情活躍評估指標（composite indices for disease activity assessment）

過去的研究嘗試並證實一些涵蓋不同的臨床範疇的數據可以更佳更準確反映病情的活躍程度。因為他們可以同時包含了如疼痛，臨床腫脹關節數目，以及患者主觀病情評分，以致有些亦包括驗血指標。在現今要求達標治療的新時代中，這些治標指標是非常重要。有些醫療系統包括本港的公立醫院便要有這些指標作為使用一些較昂貴藥物的依據。常用的複合病情指標包括（見下表）

- DAS 28
- SDAI
- CDAI

這些複合指標都有界定病情活躍到的範圍，及緩解的定義，以協助臨床的不同決定，包括加藥、轉換藥物、減藥和甚至停藥等。

	疼痛關節數目	腫脹關節數目	病人總體健康評估	醫護總體評估	發炎指數	病情活躍度			
	TJC	**SJC**	**PEA**	**EGA**	**ESR/CRP**	**緩解**	**低**	**中**	**高**
DAS 28	✓	✓	✓	×	ESR 或 CRP	<2.6	2.6-3.2	3.2-5.1	>5.1
SDAI	✓	✓	✓	✓	CRP	≤3.3	3.3-11	11-26	>26
CDAI	✓	✓	✓	✓	×	≤2.8	2.8-10	10-22	>22

（6）其他的病情評估

除了病情活躍到評估外，也有一些是既定的問卷評估用於類風濕性關節炎患者，例如身體健康問卷如 HAQ-FI, GF-36，特別是在科研的情況下，其餘的問卷也可包括疲乏（fatigue）、情緒（depression）各樣的問卷評估。

以上總總五花八門的病情評估工具，就正好説明在治療類風濕性關節炎需要不同角度，有些是互補不足的評估工具。患病者不應抱着一個態度：是自己的身體，自己必然是最清楚最準確的評估。借用其他病症就如：糖尿病要驗血糖及糖化血紅素；乙肝帶菌者定期要抽血檢查甲胎蛋白及肝功能；大腸癌岩篩檢要驗隱血或大腸鏡。以上例子，俯拾即是，並説明單憑關節疼痛或主觀感覺實不可取。若單從主觀感覺及意願來主宰治療，忽視一些客觀持續發炎的證據或指標，那麼便是延誤治療，白白讓身體被病魔破壞。

不同的臨床階段的檢查

（1）初診後的檢查

當患者確診後隨之而來可能是更多的檢查，因為這是帶着以下的重要目的。

（i）病情的活躍度（參上文），已有的破壞，或預後指標。

（ii）可能影響選用藥物的疾病和身體狀況

檢查的項目可以包括以下圖表所羅列的，但請留意的是一方面不代表檢查只有以下項目，另一方面不是列出的項目全數都應該安排做。因為安排甚麼的檢查項目是醫護人員會按病者的臨床情況以及資源和經濟效益的不同考慮，而作出決定。檢查亦可能分階段進行。部份的項目是希望有一個基線數值，以便日後監察用藥後的反應。

檢查項目	可能狀況	臨床意義
血常規（CBC）		
• WBC 白血球	白血球過低	選用不常引致降低白血球的 DMARD
• Hb 血色素	貧血	要留意是否已有胃腸潰瘍等
• Platelet 血小板	血小板過低	選用不常引致出血及降低血小板藥物
腎功能（RFT）		
• Urea 尿素 / Creatinine 肌酸酐	腎功能減退	避免使用 NSAID 調整用藥的劑量
• 小便常規	i) 小便感染	處理感染
	ii) 腎臟疾病	因部份腎臟問題，首先反映於小便常規中，如蛋白尿等
肝功能（LFT）		
• ALT, AST 轉氨酶	肝功能不正常	作進一步檢查避免使用影響肝功能藥物
• 血糖	糖尿病	使用類固醇及 CSA, TCL 需定時監察
• G6PD	G6PD 缺乏	不應使用 SSA
感染篩查		
• 乙肝 HBs Ag, HBc Ab（IgG）	i) 乙肝帶菌者	首選一些不大影響肝功能藥物，若使用 MTX 應先用抗乙肝病毒藥
	ii) 隱性乙肝	使用 RTX，B 細胞治療前要先用乙肝抗病毒藥，首選一些不大影響肝功能藥物
• 丙肝 HCV Ab	丙型肝炎患者	首選一些不大影響肝功能藥物
• 隱性肺結核測試（Quantiferon-TB）	隱性肺結核	在使用 bDMARD 時應先用預防肺結核藥物（INAH）
• 泡疹病毒 VZV Ab	過往曾患水痘（由泡疹病毒引致）	考慮用藥前先注射帶狀泡疹疫苗，當用口服 JAK：應小心監察
肺 X 光	i) 肺結核篩查 ii) 心臟發大或衰竭 iii) 已有肺部問題，如肺纖維化，	若有肺結核跡象應先處理 避免使用 NSAID，若嚴重心臟衰竭亦應避免抗 TNF α 藥物 雖然不排除任何 DMARD 的使用但需要跟進監察

縮寫：

NSAID — 非類固醇抗炎藥
TCL — 他克莫司
DMARD — 改善病情抗風濕藥
Jak — 口服 JAK 阻斷劑
MTX — 甲氨喋呤

CSA — 環孢素
SSA — 柳氮磺氨吡啶
bDMARD — 生物製劑抗風濕藥
RTX — rituximab，抗 B 細胞生物製劑
LEF — 來氟米特

治療期間的定期監察

治療期間患者亦應定期依循醫護人員的建議作臨床或一些抽血造影的檢查。當中不但是保障患者可以安全地使用藥物，也是評估治療的成效。若病情並未得到應有的控制時，患者和醫護人員便應討論及調整治療。

病情活躍度到的監察在理想情況下應每三個月作出評估，這亦配合了大部份的 DMARD 使用，亦應約三個月安排相關的檢查。在「治療達標，treat-to-target」的建議亦是三至六個月作出評估以作調整用藥。病情評估的檢查可參考上文所提及的。

至於用 DMARD 藥物相關的安全監察，過往美國風濕病學會（American College Rheumatology）及最近英國風濕病學會（British Society for Rheumatology, BSR）也作出了他們的臨床指引，甚具參考價值。相關的監察檢查，有時可能因應個別的情況作出調整。（見附表）

至於生物製劑方面，就按不同的組別而作出安排，一般檢查的頻次不用如傳統 DMARD 那麼頻密。

藥物	檢查	頻次
金雞納，羥氯喹 Hydroxychloroquine（HCQ） 米諾（四）環素 Minocycline	眼底檢查 –	基線（用藥首年內） 低風險 ，用藥滿 5 年後，每年檢查 高風險者 ，用藥後每年檢查 –
柳氮磺氨吡啶（SSA）	CBP, Creatinine, ALT（AST）, albumin	< 3 month　3 - 6 month　> 6 month 2 - 4 week　8 - 12 week　12 week *BSR 建議一年後不需要為 SSA 作定期檢查
甲氨喋呤 Methotrexate（MTX） 來氟米特 Leflunomide（LEF） 硫唑嘌呤 Azathioprine（AZA）	CBP, Creatinine, ALT（AST）, albumin *LEF 用者亦應檢查血壓及體重	< 3 month　3 - 6 month　> 6 month 2 - 4 week　8 - 12 week　12 week * 當劑量增加時應較頻密，如每 2（4）週直至劑量穩定後 6 週
環孢素 Cyclosporin（CSA） 他克莫司 Tacrolimus（TCL）	血壓，血糖 CBP, Creatinine, ALT（AST）, albumin	首 12 個月　>12 month 約每月一次　8 -12 week
合併治療 如 MTX + LEF	CBP, Creatinine, ALT（AST）, albumin	首 12 個月　>12 month 約每月一次　8 -12 week

參考資料：

1. BSR and BHPR guideline for the prescription and monitoring of non-biologic disease-modifying anti-rheumatic drugs. Jo Ledingham et al Rheumatology 2017; 56: 865-868
2. American College of Rheumatology 2008 Recommendations for Use of Non biologic and Biologic Disease Modifying Anti-rheumatic drugs in Rheumatoid Arthritis. KG Saag et al Arthritis Care Research 2008l 59: 762-784

監察併發症

無論是類風濕性關節炎疾病本身，或是關連的免疫問題以致因為治療而引發的併發症（請參考前文有併發症的內容。患者應與醫護人員商討定期（如每年）作一些併發症的相關檢查，特別是患者出現一些相關症狀便可能提早及更仔細地作適當的檢驗。一般的併發症檢查可考慮以下項目（未必需要全部）：

（1）眼睛

眼科檢查如乾眼症，白內障及眼底（如使 HCQ）超過五年）

（2）循環系統

血壓量度、胸肺 X 光、心電圖（運動心電圖，電腦掃描冠狀動脈）

（3）血液 / 淋巴系統

臨床體檢 — 淋巴結脹大

血液檢查

（4）呼吸系統

胸肺 X 光，肺功能，肺部電腦

（5）內分泌系統（特別是代謝綜合症，因其與心血管病的關係）

血糖、血脂 / 膽固醇

（6）骨質疏鬆

骨質密度檢查

（7）腎臟功能

血液檢查

小便常規

亞太地區的類風濕性關節炎治療指引

——專訪香港大學李嘉誠醫學院內科學系風濕及臨床免疫科主管及香港醫學專科學院主席劉澤星教授

隨着近半世紀的研究和發展，類風濕性關節炎藥物推陳出新，不只有助紓緩病情，更可進一步減少後遺症和併發症出現。香港大學李嘉誠醫學院副院長（教學）、香港風濕病基金會名譽會長劉澤星教授表示，近年類風濕性關節炎的治療指引，主要是按患者的病情和治療目標，制訂個人化治療，令治療成效更為理想。他深信，憑着醫患互相配合，在可見將來，此病有望達至完全緩解，即使不幸確診，患者亦大有機會回復正常生活。

把握治療黃金期

病向淺中醫，治療類風濕性關節炎亦不例外。發病頭六個月是治療黃金期，若能及時採取治療，成效最為理想。劉教授指出，近年醫學界對類風濕性關節炎的看法不斷改進，「從治療角度，以往的理想目標，是希望盡量減少類風濕性關節炎對患者的影響，但現時就希望可以做到零影響。最簡單的方法是盡早接受治療，以防關節受到侵蝕，大大減低出現併發症和後遺症的機會」。

早用藥有望緩解病情

針對類風濕性關節炎，目前有很多不同的治療方案，除了生物製劑之外，亦有口服標靶藥，原理是針對生物細胞因子，從而改善患者的預後結果。「雖然類風濕性關節炎暫時仍未可以做到成功根治，但愈早用藥，有望達至完全緩解，即穩定控制病情，不再影響患者的日常生活。」

劉教授解釋，生物製劑與口服標靶藥的原理相若，同樣是針對患者的身體變化，對失衡的免疫系統作針對性治療，並減少對其他器官不必要的干擾。尤其是生物製劑，自推出以來，不只為治療帶來革命性進展，更重要是讓醫生對免疫系統的運作和類風濕性關節炎的致病機制加深了解。

治療講求個人化

劉教授補充，隨着藥物的選擇愈來愈多，現時的治療指引，不再是簡單區分第一線或第二線用藥。治療概念是「Treat to target」，即因應患者的情況及需要，由醫生和患者共同制訂合適的個人化治療方案。

「舉例説，對於一些年紀較大，不想服用太多藥物、擔心有副作用的患者而言，治療目標是盡量減少用藥，但仍能達致減輕痛楚的效果；相反，如果患者較年輕，有固定工作，為免痛症影響工作表現，目標是將病情減至最低的活躍程度，甚至乎達到真正緩解。」

由於治療目標因人而異，所以醫生在考慮用藥之前，會先審視患者的病情和治療需要，再根據藥物的臨床研究數據結果、療效和副作用等，為患者選擇合適藥物。「指引是作為參考，對於用藥的先後次序，或何時應採用哪一種藥物，需要靠醫生臨床診斷。以生物製劑為例，由於價錢相對昂貴，如患者覺得難以負擔，其實亦有其他藥物可以做到接近生物製劑的效果。加上醫生會因應患者的身體狀況調校藥量，也可進一步減低藥物帶來的副作用。」

減嚴重併發症風險

類風濕性關節炎屬嚴重疾病，有需要長期用藥控制。不過劉教授對治療展望仍表現樂觀。「相比二、三十年前，類風濕性關節炎除了會引致關節變形和喪失功能外，很多時會併發肺部、心臟或血管問題，嚴重可以致命。但隨着患者對疾病的認識加深，亦意識到早診早治的重要性，令出現嚴重併發症的機會大大減少。而對於一些集中在關節位置併發症，處理方法相對簡單，可透過輔助工具，或置換關節改善。」

醫患配合提升療效

他透露，臨床上遇過不少患者在發病初期受關節痛困擾，表現沮喪，但在使用了合適藥物後，可重拾工作，所以重點是要依從醫生指示用藥，切勿自行減藥或停藥，以免影響療效。

「今時今日，治療慢性病的概念，不是單從醫生的角度作考慮，患者應主動治療自己的身體，包括主動認識疾病的病理，主動向醫生了解不同藥物的療效。只要雙方互相配合，再加上醫學發達，我相信終有一日，有部份類風濕性關節炎患者可以未必需要長期食藥，重過正常生活。」

治療篇

治療原則及目標

正如專訪中劉教授所提到的，現代的類風濕性關節炎的治療，有以下的原則：

（1）及早診斷，及早治療；

（2）風濕科專科醫生作為治療的主要成員與患病共同制訂適當的治療方案；

（3）當確診後，應盡快開始使用抗風濕藥 DMARD，治療每一位類風濕患者；

（4）定期監察，調整治療以達標治療（treat-to-target）為依歸，以求嚴密控制（tight control）；

（5）透過反覆的辯證和客觀不同地區的科研驗證，現今在國際間對治療類風濕性關節炎都有相當的共識，亦制訂了有大量科研數據作基礎的治療指引：

- 亞太抗風濕聯盟 APLAR 2015[1]
- 歐洲抗風濕聯盟 EULAR 2016[2]
- 美國風濕病學會 ACR 2012[3]

嚴密控制（tight control）是不同指引中的其中一個重要信息。有別於一些患者的擔憂，在過往的研究中顯示（如 TICORA），嚴密的控制一方面更快及更徹底達到臨床徵狀的緩解，亦未有增加長遠風險[4-6]。反之而嚴密控制的病人在身體健康狀況以及在功能上得到保存，關節結構減少破壞，並且併發症如血管硬化也可因此而減低[7-8]。

不但如此，就如 FIN-RACO 的研究或一些相近似的研究中，及早和進取治療能改變類風濕性關節炎的發展和進程。正如 FIN-RACO 中在首兩年接受 DMARD 合併治療（甲氨喋呤 + 橫胺 + 金雞納 + 類固醇）相比只用單一藥物的對照組，更能達致病情得以改善、緩解、保存工作能力（就業）。在 FIN-RACO 的追蹤研究中，發現以上的病情改善的差異在 11 年後依然存在，這正是及早接受達標治療的重要性一個強而有力的明證。

治療目標

類風濕性關節炎是一個持續發炎的病症，故此治療目標是及早把炎症清除，令關節結構不出現侵蝕從而減低病症對病人的身、心、社、靈的影響，並且務求免除併發症，令患者保持和常人一樣的生活質素及工作能力。

因着實際的臨床操作衍生了不同的病情活躍指標（見上文）作為治療參考及依循，希望患者能達致緩解（Remission）。

緩解的意義可以理解為疾病相關的變化（如滑膜炎）受到控制以致消失；再有細分為：

（1）臨床緩解：臨床檢查、病徵及驗血等皆顯示之發炎的病變消失了。

（2）造影緩解：一般包含了臨床緩解外再加上先進的造影檢查（MRI，超聲波）也未能發現炎症的變化。

根治的迷思

有些病人因風濕科醫生未能承諾病症根治，而選取了宣稱能根治類風濕性關節炎的非主流或另類治療。但這裏有兩個重要的問題要解開的：

（1）宣稱能根治類風濕性關節炎的治療，他們能否拿出可驗證的客觀數據，而當中包含了多少的病者數目及持續多久；

（2）大家對根治的定義和理解是否相同？

若「根治」的意思代表可以停藥而沒有病徵的話，那麼就是在風濕病學裏的「停用藥緩解狀態」（drug-free / DMARD-free remission）。在此筆者可以告訴大家，「西藥」或主流治療是可以達致的，即患者可以終止長期定時服藥。在此課題上亦有不少科研數據，其中在荷蘭的一個回顧性，審視了他們超過一千名不同時期的患者，最高的一組患者有 23% 的病人可以達到停用藥的狀態超過一年以上。

話說回來，若果不斷只是糾纏於「根治」、「緩解」的討論，而保持緩解倒有一件事是清楚的——達到「緩解」「根治」是一個過程。讓我們首先用（大數據）客觀驗證的有效正規治療方法，先把眼前的發炎控制並且是嚴密的控制。當病情炎症得到控制除滅後，再和醫護商討減藥停藥的問題。這就正如在一場大火災中，要先把火勢控制，再把不同地點的火種救熄，那時我們才應討論何時讓消防員撤退離開。

參考資料：

1. APLAR rheumatoid arthritis treatment recommendation. CS Lau et al. International Journal of Rheumatic Disease 2015; 18: 685 -713

2. EULAR recommendation the management of rheumatic arthritis with synthetic and biological disease-modifying anti-rheumatic drugs: 2016 update. JS Smolen et al. Ann Rheum Dis 2017;2017: 960-977

3. 2012 update of the 2008 American College of rheumatology recommendation of the use of disease-modifying anti-rheumatic drugs and biologic agents in the treatment of rheumatic arthritis. JA. Singh et al. Arthritis Care Research 2012; 64: 625-639

4. Effect of a treatment strategy of tight control for rheumatoid arthritis（the TICORA study）: a single-blind randomised controlled trial. C Grigor, et al. Lancet 2004; 364（9430）: 263

5. Comparison of combination therapy with single-drug therapy in early rheumatoid arthritis: a randomised trial. FIN-RACO trial group. T Mothonen, et al. Lancet 1999; 353（9164）: 1568

6. Clinical and radiographic outcomes of four different treatment strategies in patients with early rheumatoid arthritis（the Best Study）: a randomised controlled trial. YP Goekoop-Ruiterman, et al. Arthritis Rheum 2005; 52（11）: 3381

7. Remission is the goal for cardio vascular risk management in patient with rheumatoid arthritis a cross-sectional comparative study. SA Provan et al. Ann Rheum Dis 2011; 70: 812-871.

8. EULAR recommendations for cardiovascular disease risk management in patients with rheumatoid arthritis and other forms of inflammatory joint disorders: 2015/2016 update. R Agca et al. Ann Rheum Dis. 2017 Jan; 76: 17.

治療團隊

當類風濕性關節炎來襲時，除了關節肌腱受影響外，就如之前章節所提到身體其他重要器官系統和精神情緒也可以有大大小小不同的問題。故此，在類風濕患者的治療中需要不同的專職人員，組成一個治療團隊各司其職。

- 風濕科醫生：診斷、評估及提出合適的治療方案；
- 風濕科專科護士：提供病人教育及輔導，日常用藥和相關護理方案；
- 骨科專科醫生：適時介入作所需的手術治療；
- 營養師：指導合適的飲食方案以改善營養水平；
- 物理治療師：提供紓緩的治療、運動及復康訓練（包括手術後的鍛煉）；
- 職業治療師：提供關節保護及訓練，工作及家居活動的指導，工作間及家居調整和改裝，並建議合適的支架和輔助器具；
- 足部治療師：協助患者處理因關節炎（包括後期變形）所引致的足部問題；
- 義肢矯形師：製作合適的支架、鞋墊等；
- 社工：提供情緒支援及輔導，為患者尋找合適的社會資源和幫助；
- 自助組織及相關機構：提供朋輩支援，病人服務及教育，在香港現有毅希會（病人自助組織），香港復康會社區復康網絡（非牟利機構）和香港風濕病基金會等。

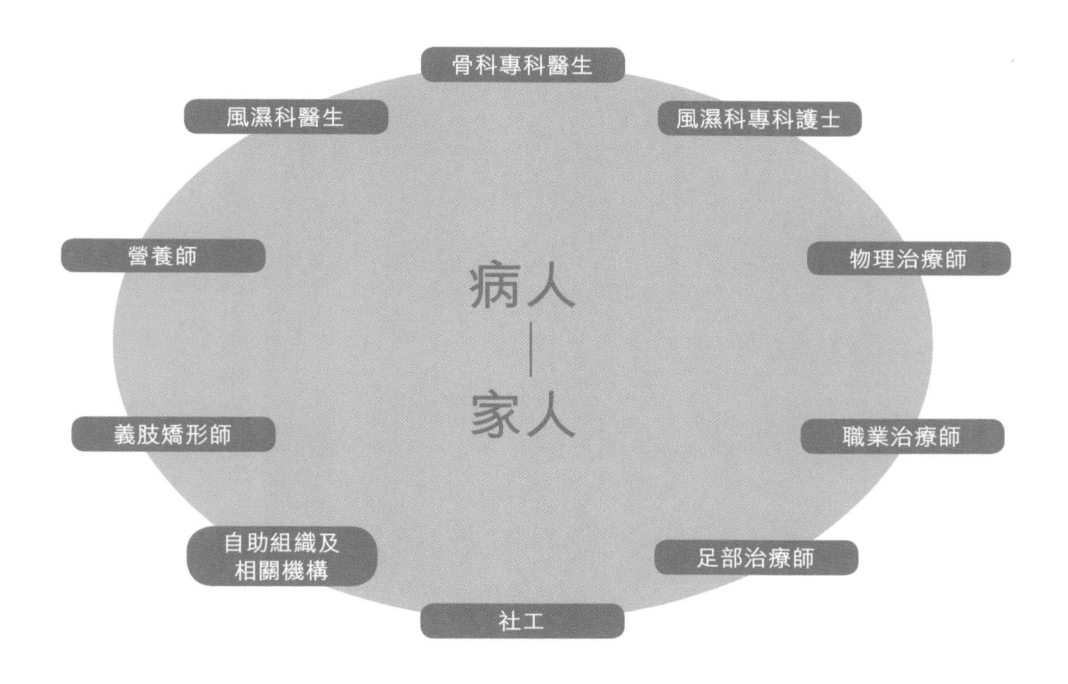

在整個治療團隊中，當中最重要是病人自己作為團隊的重要一員，因為在治療過程中患者不只是在被動的角色，而是一名積極的參與者。並且在治療的團隊中病人以及每一個成員有效到位的溝通是十分重要。

是醫護人員，更是同行人
——專訪註冊護士袁斯慧

「我這麼年輕，怎麼會有類風濕？」
「為甚麼會這麼痛？我的關節會變形嗎？」

面對全身上下的劇痛，突如其來的確診，類風濕性關節炎患者都會感到徬徨無助、充滿疑問，亟需指示和陪伴。風濕科護士除了監察病情，還會充當同行人，與患者一起面對生活上的挑戰，註冊護士袁斯慧（Carol）正是其中一分子。

「我們是同行者。」

在類風濕性關節炎患者的歷程中，無論是初確診、治療期，還是緩解期，都不乏風濕科護士的身影。「我們是醫護人員，也是同行人，在患者不同階段，提供不同協助，陪伴他們面對疾病。患者最初確診時，大多不了解這個病，甚至聞所未聞，我們的責任就是提供資訊，解答患者的問題，讓他們了解自己的病情，從而消除疑慮。我們也會教導他們處理徵狀，例如疼痛時應該怎麼做，服藥時有甚麼需要注意。」

「當患者有基本認識時，我們就會引導他們思考自己的生活和病情的關係。舉例說，感到疼痛時，固然要依照醫生指示來處理，或服藥紓緩痛楚，但他們也要多走一步，檢討自己的活動方式是否正確。千萬不要忽略痛楚，因為它是一個警告，提醒患者某些事情可能在損害關節。」

Carol 表示，每個患者都是獨立的個體，風濕科護士除監察病情外，還會與他們傾談日常生活面對的問題，因應不同情況，給予適當的建議和協助：「譬如有些患者打算生育，我們會建議先做一個周詳的家庭計劃，以及檢查她們正在服用的藥物會否影響懷孕和胎兒；有些患者則可能有經濟困難，我們就會與醫務社工溝通，看看他們可申請哪些援助；也有患者想參加與病情相關的活動，向過來人取經或分享經驗，我們亦可向他們介紹一些志願機構、病友組織。」

失聯的患者

儘管風濕科護士可從不同方面提供協助，但患者自身的配合更為關鍵。Carol 想起一個令她很難忘的個案：「曾經有個 50 多歲的患者，使用生物製劑後病情有所改善，可是進入了緩解期便沒有覆診，之後過了一年多再回來，甫見面就説很痛、很辛苦。原來他聽朋友介紹，使用了一些不明藥物，誤信可令類風濕性關節炎『斷尾』。經查證後，發現他用的是高劑量類固醇，雖能短暫抑制病情，但使用高劑量類固醇的副作用隨之出現。」

「這樣的情況真的很可惜，本來病情控制得不錯，但因為錯誤的方法，令病情惡化，更影響了部份身體功能。」

Carol 提醒患者，無論是否進入緩解期，都要保護關節、依照指示覆診和用藥，維持工作和休息平衡，並保持心境開朗：「即使患上類風濕性關節炎，也可以像平常人那樣生活，只是需要更留意、更愛護關節，至於無法做到的事情，切勿勉強自己，適時尋找幫助。」

治療原則及選擇

隨着醫藥的發展，治療方案和原則主要建基於科學事實、人體病理的認識，以及一些客觀（尤其是雙盲藥物醫學研究）對比評估和驗證。主流（西方）醫學的主要治療原則包括：

（1）「及早」、「有效」控制病情，以達致免除或減低身體各個器官的長遠破壞。

（2）盡量使用「較少副作用」及「可監控」的治療方案。

醫生安排不同治療方案時，主要按下列原則，以作依據：

（1）病況的活躍性、嚴重性及對生活的影響程度：醫生會參考一些化驗指標（包括發炎指標、類風濕因子或抗 CCP 抗體、以及其與自身免疫抗體；

（2）身體其他機能或疾病（comorbidity）；

（3）藥物或治療的成效：根據客觀數據以了解其功效、監控其副作用、所需費用及過往經驗；

（4）客觀的監察評估及跟進。

在現今資訊爆炸和互聯網年代，患者可以透過不同的渠道尋找疾病及治療的資訊。其實，坊間的確有不少關於類風濕性關節炎、特別是治療相關的資訊，但這些資訊究竟是否正確、有效或適合患者呢？面對這些資訊，患者應考慮以下因素：

(i) 獲悉有關治療方法的渠道：是否來自有信譽的醫學期刊、廣告、報刊文章、互聯網平台，抑或只屬坊間口耳相傳？

(ii) 報道或朋友口中的「治療成功」個案，病情是否與你完全相同？還是有大型數據客觀評估可信性高還是個別案例的可信賴性高？

(iii) 這些治療方案有否要求停止使用醫生處方的藥物？或為了避免「相沖」要減少或停止主要治療？而你有否與主診醫生商量？

(iv) 這些治療方案會否令你無法均衡地攝取營養？

(v) 這些治療方案是否有適當的監管？提供資訊的一方有否向你披露相關副作用或風險？還是不斷用「天然」、「古方」、「偏方」作解說？

(vi) 從經濟或金錢角度來看，這些方案是否物有所值（性價比）？例子包括坊間一些宣稱「天然」的治療方案，但卻沒有客觀科研實證，並且收費昂貴。

生命非兒戲，關節受到侵蝕破壞後就難以逆轉，所以在治療路上，我們希望你能走對每一步，因此當你作出任何治療決定時，一定要保持清醒、持平，並向醫護人員多作了解。（表一及圖一）

表一：評估不同治療方案

客觀 Objective	主觀 Subjective
持平 Unbiased	渲染 Biased
科學 Scientific	傳統 Tradition
主流 Mainstream	偏方 Folk Rx

圖一：健康投資者

一些治療方案或產品在宣傳推廣時，可能會誇大主流治療的副作用或危險，從而推介宣稱自然、天然的方法，反而「勸告」患者放棄正統的治療方案。他們亦不乏提出一些似是而非的科學論證，以嘗試説服患者接受他們的治療。

在這個時候，我們建議各位停一停、想一想：這些宣傳推廣是否可靠？他們所推廣的藥品又是否經過科研驗證、臨床研究？當中是否在患者中進行客觀持平的比對研究，所包含的病人數目又有多少？（數位？數十位？數百位？）

相反，醫生處方的藥物，很多時都有跨國、跨民族的科研去證實其用處，同時亦評估了這些藥物的安全性是否屬於可監察或可接受的水平之內。即使是一般人所害怕的「類固醇」，其實也正是我們人體內的荷爾蒙/腎上腺皮質激素，屬於最「天然」的成份。況且，中藥*之內如甘草，它的藥理機制與類固醇、腎上腺皮質激素相似，故此，患者必須保持清醒，不要單一聽信推廣宣傳的信息。

註：可參考《基礎與臨床中藥毒理學》（馮奕斌主編）一書及《中藥有效成分（藥理與應用）》（李宇彬主編）一書。

藥物治療

一直以來，醫生在選用藥物時，最重要的考慮就是「目標為本」，意思是不論採取任何治療策略，均希望達到「理想的治療目標」，而所謂的理想治療目標，既發炎的關節能達到緩解，紅腫不再，且發炎指標能重回正常水平。研究顯示，如果類風濕性關節炎患者成功「達標」，關節變形的機會將會大大減少。不過，由於患者的狀況不盡相同，有時在調整藥物的份量後仍未能達標，但醫生仍會以盡量接近理想水平為目標。

臨床所見，絕大部份的類風濕性關節炎患者在未得到適當的治療時，其病情都會繼續惡化，所以如果一旦確診患上類風濕性關節炎，患者便應立即展開節藥物治療，絕對不應延遲數個月才展開治療療程。有研究顯示，若早期類風濕性關節炎病人的關節只屬輕微嚴重，只要及早治療便可以減少情況惡化，甚至可於病情改善後停藥，達致持續緩解的效果，惟大部份患者都有需要長期服藥。

患者必須明白，類風濕性關節炎藥物治療對大部份人來說，都屬於長期治療，甚至是終身治療，只有約 10% 的類風濕性關節炎病人可經過一段時間治療後而停藥，並且持續緩解，所以類風濕性關節炎病人應有心理準備作長期治療。

（1）止痛藥

類風濕性關節炎患者在病發初期，大部份只需要使用止痛藥。

（i）撲熱息痛（paracetamol）

撲熱息痛的止痛能力不高，類風濕性關節炎患者或需用較強的止痛藥，例如非類固醇止痛藥。

（ii）非類固醇止痛藥（NSAID）

現時，約有 10 至 20 種非類固醇止痛藥物供選擇，每一種的功效相近，副作用相似。醫生會根據病人以往用藥的反應去選擇，常見的副作用包括腸胃不適、胃痛、胃潰瘍、胃出血、胃壁穿孔等，如患者以往有腸胃病史，他們用藥後出現胃潰瘍的機會較高。如果病人必須服用有關藥物，醫生會同時處方較強的胃酸抑制藥物，病人應自行觀察副作用，例如是否有胃痛、胃出血等。值得留意的是，患者一旦胃出血，也未必會有即時胃痛症狀，患者需留意自己有否排黑便，如有發現應及早通知醫生。除了腸胃上的副作用外，患者亦有機會出現中樞神經系統副作用，例如頭痛、頭暈，發炎、心血管等副作用，繼而引致肺積水、心衰竭。

年紀較大的患者，如有心臟病史，亦不適合使用非類固醇止痛藥。非類固醇止痛藥亦有機會影響腎功能，年紀大的患者或腎功能已有慢性病的病人，都不適合使用非類固醇止痛藥。近十年的研究顯示，長時間持續時期（以年計算）服用非類固醇止痛藥，會提升心血管疾病機會，包括中風、心臟病，所以醫生並不建議患者長期使用非類固醇止痛藥。

止痛藥：一般類風濕性關節炎患者確診患病初期，止痛藥可幫助患者減少病徵，但並不建議作為長期使用方案。非類固醇止痛藥不會減少關節發炎之病變機會。

（iii）COX-2 抑製劑消炎止痛藥

COX-2 抑製劑可能較少引起腸胃副作用，但有腸胃病史的患者，醫生還是會同時處方抗胃酸藥物。

（iv）輕嗎啡

輕嗎啡即人造嗎啡，例如曲馬多（tramadol）。雖然輕嗎啡的止痛度較高，但最近的研究指出，輕嗎啡這種嗎啡類止痛藥的副作用較大，對於一般類風濕性關節炎患者來說，醫生都會盡量避免處方這類藥物。

（v）阿士匹靈

約 40 至 50 年前，醫學界較常用阿士匹靈，但類風濕性關節炎患者須使用大劑量的阿士匹靈才能有效消炎止痛，故此所引起的副作用亦會較大，現時已絕少利用阿士匹靈作消炎止痛藥。

（2）改善病情抗風濕藥

改善病情抗風濕藥是現在醫學上主要用於治療類風濕性關節炎的方案，而事實上，大部份類風濕性關節炎患者、醫生都會處方改善病情抗風濕藥，因為這些藥物是最有效控制關節發炎病徵、痛楚及有效減慢關節變形，長遠更可減少類風濕性關節炎引起的殘障機會。在大部份病人確診初期，醫生都會建議使用傳統口服藥物控制病情，若傳統口服藥物沒有明顯效用，或未達到治療的目標，醫生則會建議使用標靶藥物。

（i）傳統口服藥物

（a）甲氨蝶呤（methotrexate, MTX）

甲氨蝶呤是最常用的第一線傳統口服改善病情抗風濕藥。研究顯示，大部份病人在使用甲氨蝶呤後能有效控制病情，副作用一般都屬於可控制的、不太嚴重的程度。

服用方法：每星期服用一次，醫生一般會同時處方葉酸、維他命 D，減低 MTX 的副作用。

類風濕性關節炎患者毋須每天服用 MTX，因為會擔心有副作用，例如抑壓骨髓、白血球、紅血球、血小板等。一般來說，醫生在患者確診病情的初期，會以小份量作為基礎，每星期兩至三粒，及後會逐步增加劑量去幫助患者控制病情，直至一般最大劑量為每星期六至八粒。

服用 MTX 的病人必須定期驗血，包括全血細胞檢查（又稱血常規）（Complete blood count）、肝、腎功能檢查。如驗血檢查發現指數異常，醫生會為病人調校藥物。MTX 有機會導致口腔潰瘍，例如生飛滋，患者的葉酸水平亦有機會受到影響而減低，部份病人也有機會出現脫髮，但一般來說，脫髮的機會少而且並不嚴重。

現時，仍有不少香港或內地出生人士屬乙型肝炎帶菌者，如患者本身帶有乙型肝炎病毒，使用 MTX 時便需額外留意。MTX 會影響肝功能，一般會建議帶有乙型肝炎病毒的類風濕性關節炎患者應避開使用 MTX，如果必須用藥，則需先轉介腸胃科專科醫生作評估後再開始療程，屆時病人可能需要同時服用抗病毒藥物。

（b）抗瘧疾藥物（金雞納，antimalarial）

抗瘧疾藥物的好處是幫助紓緩病徵，副作用少，但壞處是效用強度不高，大部份類風濕性關節炎患者須配合 MTX 一同使用，非常早期階段且病徵輕微的患者才可單獨使用，以控制病情。

服用方法：每天服用，視乎體重而定，份量介乎 200mg 至 400mg。

副作用方面：小部份患者會出現腸胃不適、皮膚敏感、紅疹、痕癢。如有類似情況，患者應盡快停藥並向醫生報告。

長期服用抗瘧疾藥物的患者，亦有機會出現皮膚暗啞、色素沉着，如程度並不嚴重，則可繼續服藥。另一方面，抗瘧疾藥物有機會引起不常見但嚴重情況的視網膜病變。長期服用抗瘧疾藥物的患者（以年計算），有機會出現視網膜病變，此外，年紀大、使用高劑量抗瘧疾藥物，亦是視網膜病變高危因素。早期視網膜病變病人未必能自己察覺病情，最有效的預防方法，是定期接受眼科醫生的視網膜檢查。

(c) 硫磺類藥物（Sulphasalazine）

對硫磺類藥物敏感的人士不適合使用。硫磺的藥物能緩解病情，一般可與 MTX 共同使用，小部份類風濕性關節炎患者亦可於早期階段單獨使用此類藥物。

服用方法：每天服用，初期階段已低份量，每天一粒，慢慢逐步增加份量，達致控制病情效果。大部份患者每天服用兩粒至四粒。一般不建議患者將藥物咀嚼後吞用，建議以清水送服，因為硫磺類藥物的藥物機制是需要在胃內釋放。

另外，由於藥物的顏色是橙色，患者服用後的小便顏色會變深黃色或橙色，一旦出現類似情況亦不屬於大問題，患者可繼續服藥。

(d) 來氟米特（Leflunomide）

來氟米特是一種專門為類風濕性關節炎患者而製造的口服抗風濕藥物，患者需每天使用，藥物可單獨使用，部份病人亦可配合 MTX 一同服用。

副作用方面：患者需定期驗血、檢查肝功能，如果配合 MTX 共同使用的話，肝功能受損機會會有所提升，需緊密監察肝功能。

(e) 金製劑（Gold Compounds）

金製劑包括口服或注射形式兩種，是過往 20-30 年間較常用的一種藥物。

使用方法：每日口服，或每星期 / 每數星期肌肉注射。

副作用包括：皮膚敏感，提升腎發炎風險。由於現在已有其他更有效、副作用較少的改善病情抗風濕藥物，所以近年已較少使用金製劑。

（f）青黴胺（D-penicillamine）

由於青黴胺的副作用較大，有機會導致皮膚敏感、腎發炎，現時醫學界已沒有處方相關的藥物。

（ii）標靶治療

過去 20 年，治療類風濕性關節炎已有新突破，第一隻標靶藥物 Etanercept 於 1998 年正式於市面上售賣，自此之後，不斷有新的標靶藥物獲成功研發，幫助類風濕性關節炎病人。標靶治療可分注射或口服兩種，藥物的好處是控制病情的機會較大，而且大部份副作用不會比傳統藥物大。

現時，類風濕性關節炎的治療指引亦表明，如患者在服用傳統改善病情抗風濕藥物且具有足夠時間後，仍不能達到治療目標，醫生及患者便可考慮改用標靶藥物治療。現時可提供使用的注射式生物製劑屬於抗體治療，用以抑壓發炎細胞蛋白，控制關節發炎。

注射式生物製劑包括：

（a）抗腫瘤細胞壞死因子藥物

（b）抗第六介白素

（c）B 細胞治療

（d）T 細胞協同刺激治療

口服式生物製劑有：

JAK 抑製劑

值得留意的是，現今研究數據顯示，生物製劑亦有其副作用，包括減低患者的抵抗力，令感染傳染病的機會相對提升，例如輕微感冒、肺炎、肺結核病、帶狀皰疹等。患者在接受治療前，要先作身體檢查，包括全血細胞檢查、肝、腎功能檢查。如本身屬於乙型或丙型肝炎帶病毒患者、肺結核患者，需要在接受治療前接受驗血及皮膚檢查，以及肺 X 光檢查。

患有隱性肺結核病人士，在接受標靶藥物治療的同時，服用足夠療程的抗肺結核治療。研究指出，如果患有肺結核或隱性肺結核病，在接受足夠肺結核治療後，標靶藥物治療不會增加復發性肺結核的機會。

乙型肝炎及丙型肝炎帶病毒患者須接受腸胃科專科醫生的評估，在接受抗病毒治療後，才可接受標靶藥物治療。

病人於使用標靶藥物治療期間，一旦出現感染病徵，例如發燒、咳嗽、腸胃不適等情況，都應及早接受醫生檢查。另外標靶藥物亦有機會增加帶狀皰疹（即生蛇）的機會，所以患者可於接受治療前，先接種帶狀皰疹疫苗，如在治療期間出現帶狀皰疹，則須即時停藥及接受抗病毒治療。

標靶藥物有機會引起其他副作用，但情況並不常見，例如對已有心臟疾病、心衰竭的患者，會提高影響心臟功能的機會。另外亦有機會引致中樞神經系統神經膜病徵，例如無緣無故出現手腳感覺不正常、活動能力異常、視覺不正常等，有機會出現中樞神經系統毛病的可能。

標靶藥物生物製劑

抗腫瘤壞死因子藥物	Etanercept	Enbrel	每星期 1 次皮下注射
	Infliximab	Remicade	每 8 星期 1 次靜脈注射
	Adalimumab	Humira	每 2 星期 1 次皮下注射
	Golimumab	Simponi	每月 1 次皮下注射
	Certolizumab pegol	Cimzia	每 2 星期 / 每 4 星期皮下注射
B 細胞治療	Rituximab	Mabthera	首個療程為 2 星期內 2 次靜脈注射其後可以每 6 個月重複治療
T 細胞協同刺激抑製劑	Abatacept	Orencia	每 4 星期 1 次靜脈注射 / 每星期 1 次皮下注射
抗第六介白素	Tocilizumab	Actemra	每月 1 次靜脈注射 / 每星期 1 次皮下注射
	Sarilumab	Kevzara	每 2 星期 1 次皮下注射

口服標靶藥物

JAK 抑製劑	Tofacitinib	Xeljanz	早晚各 1 粒
	Baricitinib	Olumiant	每天 1 粒

除了上述所介紹的生物製劑外，現時亦有生物相似製劑（Biosimilar）供患者選擇。生物相似製劑是由早期的原廠生物製劑專利藥物演變而成，當原廠製造的生物製劑專利權限期完結時，其他藥廠便可依照藥物配方生產類似原廠專利藥物的抗體治療，稱為生物相似製劑。

由於這些藥廠毋須投放大量資源去研發藥物，所以成本較低，但為確保成效，現時歐美等國家的監管機構，亦要求生產生物相似製劑的藥廠，就藥物進行臨床前及臨床研究，才獲准相關藥物用於一般病人身上。

期望未來日子，會有愈來愈多質素成效理想的生物相似製劑出現，令標靶藥物治療費用得以降低，讓更多類風濕性關節炎病人可以負擔得起。

（3）類固醇（又稱肥仔丸）

一般來説，類風濕性關節炎患者並不會長期使用類固醇治療，只會用作短期緩解治療方案。類固醇治療分為肌肉注射、口服藥物、關節注射。

（i）肌肉注射及口服藥物

兩者同樣具有消炎止痛功效，成效較快及明顯，但由於長期使用類固醇的副作用太大，所以一般不會建議長期使用。如在病發初期，醫生或會建議使用數個月，等待病情好轉便慢慢停用。

治療劑量不能太大，例如口服類固醇藥物（Prednisolone）的使用劑量為每日 5mg 至 15mg。

副作用方面：包括面圓、肥胖、血壓高、血糖高、加快出現白內障、骨質疏鬆、骨枯等，抵抗力下降、增加感染機會，增加心血管疾病風險，亦有機會令患者感到興奮，情緒不穩、失眠等。副作用視乎患者服用類固醇的時間、劑量而有所不同，如果長時間服用類固醇，出現副作用的機會會愈高。病人需要接受醫生的緊密監察，醫生亦會處方鈣片以減低患者出現骨質疏鬆的風險。

（ii）關節注射

只適用於有少數目關節（1-3 個）的類風濕性關節炎患者身上。如果發現情況嚴重請未能好好控制，醫生就會處方關節注射類固醇治療，以便盡快控制病情。短期使用關節注射類固醇治療的副作用少，但有機會引起關節感染，患者需於注射前，排除關節有細菌感染機會，才能展開注射療程。

藥物治療小貼士

（1）及早診斷和接受治療，就是最好防止病情惡化的方法。

（2）治療類風濕性關節炎時，大部份都屬於長期治療，但醫生會因應病人的病況調節藥物及份量。

（3）類風濕性關節炎的治療目標，是將關節發炎現象完全緩解，從而減少及預防關節炎對患者引起的長期併發症及殘障機會。

（4）病人要準時服藥、覆診、檢查，才能有效減少藥物副作用。

（5）如果口服抗風濕藥物的功效並不明顯，可能需要轉用標靶藥物治療。

（6）標靶藥物的最主要副作用是增加病人感染機會，所以除了治療前的健康評估外，患者在接受治療時亦需留意個人衛生及感染病徵，例如發燒、咳嗽等。

手術治療

患者在不同的患病階段皆可能需要骨科醫生出手相助提供合適的手術治療，這並不是局限於關節置換。手術治療也可包括以下各種情況。

（1）滑膜活檢：當關節滑膜腫脹，但未能確定其中是否有類風濕性關節炎以外的情況（例如：感染），那麼關節滑膜活檢時其中可能用得上的方法。

（2）關節滑膜清除術（synovectomy）：在個別的患者中經過藥物治療之後可能有一兩個比較頑固而持續活躍發炎的關節，那麼用包括關節內窺鏡作為清除發炎滑膜是其中一個方案。

（3）處理由類風濕引致的併發問題

（i） 修補斷裂肌腱：當患者長期發炎可能會導致肌腱斷裂。最常見是手腕部位的手指伸肌腱斷裂；

（ii） 腕管綜合症：骨科手術可以解開受壓的正中神經（median nerve）附近的組織；

（iii） 頸椎脫位：骨科手術可融合及固定頸椎 C1/C2 間的脫位而減少脊椎受壓的風險或影響。

（4）關節融合術：部份的關節因類風濕性關節炎的破壞以致活動時出現明顯痛楚，但就如手腕及腳腕關節，關節溶合術是一個合適的選擇。

（5）關節置換術：（見專題訪問）因着近年的正規藥療的發展，需要

安排關節置換的類風濕關節患者愈來愈少。另一邊廂，關節置換術的技術也愈見進步，並不存在人工關節只可用十年的情況。術後的康復時間也大大縮短，術後幾天患者已經可以出院。

非藥物治療

（1）健康教育

現時，不同醫院的風濕科專科護士，都會提供相關的健康教育，以提高病人對疾病的正確認知，以便能更加明白醫護人員提出相關藥物治療的原因，繼而可以更依從用藥。另外，病人資助組織和非牟利機構亦經常邀請不同的醫護人員，舉辦健康教育活動（例如：講座、研討會等）及印製病症資訊單張和小冊子，目的也是希望讓公眾對病症有一定的了解，希望令患者或其身邊人不會因對此症和相關治療的誤解，而引起過分的憂慮；另一方面，這些教育活動加強了患者與這些組織間的聯繫，讓患者得知如何尋求協助。（詳見有關自我管理的專題章節）

（2）輔導及情緒支援

當患上類風濕性關節炎很多時會為患者帶來情緒或精神上的困擾，而長期承受過度壓力，也會影響病情。因此當患者遇到困擾時，應向醫護人員提出，風濕科專科護士亦扮演着輔導的角色，而本港亦有不少機構或病人資助組織，都會定期舉辦個人或小組的輔導活動，透過同路人的分享，有助紓緩患者情緒；此外，相關機構舉辦的自助課程，也可令患者學習「與病同行」，包括一些生活小技巧，有助提升生活質素。

（3）食得健康

當病情活躍時，患者或會因食慾不振，及因爲痛楚影響進食意欲而變得消瘦；另外，亦有部份病人誤信偏方或坊間對關節患者的戒口建議，以致產生偏食的情況。此外，關節亦會影響肌肉流失，所以患者在訓練肌肉時，亦要提高蛋白質的吸收。因此患者應與營養師商討，透過調整飲食，來補充不足的營養。還有，飲食方面也應同時考慮與類風濕性關節炎相關的心血管問題及骨質疏鬆病，故在膽固醇及鈣質方面的飲食宜忌亦不可忽略。

（4）生活習慣

吸煙已被認定為其中一個增加患上類風濕性關節炎的風險因素，同時亦有不同的研究顯示，類風濕性關節炎患者在接受治療，即使有效如生物製劑治療時也會受吸煙影響治療效果，所以戒煙是非常重要的。

至於飲酒方面，個別的醫護可能告訴患者在服用甲氨蝶呤期間不能飲酒，但其實若患者小心控制酒精的份量，例如間中輕嚐淺酌，將整體的酒精攝取量控制於低水平，其實是可以的。

（5）起居作息

因為關節痛楚及活躍的關節炎病情可以引起疲乏、困倦、失眠的情況，所以患者在生活作息上，需作出一些適當的調整。

(i) 疲乏困倦

患者出現疲乏、困倦的會後原因，可以包括活躍病情、貧血、睡眠不足、痛楚、藥物或其他疾病所引致，因此患者需要諮詢醫護人員有關身體及病情的狀況。若果是因為病情未受控制或有貧血現象，就應作出一些適切的檢查和治療，若果是由於藥物的副作用引起，便應了解是否可作相應的調整。

當面對困倦情況，患者亦可設計適當的作息時間表，於整天活動中間，安排有合理的休息、補充體力的時間，例如工作、休息、工作再休息。此外亦應嘗試找出一些省時省力的工作或生活模式，職業治療師可以在這方面給予專業意見。我們並且不可忽略每天做適量的運動，多鍛煉身體改善體能，亦可以有效對付困倦疲勞的問題。

(ii) 晨僵

患者如出現晨僵等情況，通常都與病情活躍有關，應對的方法包括：

(a) 控制疾病本身。
(b) 早上醒來後，進行一些伸展運動。
(c) 洗熱水澡或
(d) 透過服用消炎止痛藥物等控制炎症。

除了運用以上方法外，在安排日程上亦應在早上預留充足的時間，以便晨僵的問題打擾了要做的事情。

（iii）失眠

失眠是患者常見的一個問題。失眠可以包括上床後難以入睡、睡覺期間斷續地醒來，或是清早或夜半醒來便不能入睡。無論是睡眠整體時間不足或是質素不好，如淺睡等都會影響患者康復的進度，亦會引致疲乏。

（a）患者應剖析導致失眠的不同原因（一般會多於一個成因）。

（b）痛楚：適當使用藥物可幫助改善痛楚。

（c）情緒：學習放鬆技巧，必要時可尋求適當的專業人員協助處理情緒問題。

（d）錯誤服用亢奮藥物，例如含類固醇成份的藥物，患者應諮詢醫生用藥的適當時間。

（e）現時，一些社區組織（例如：社區復康網絡）亦有提供睡眠工作坊，患者可以考慮參與。

當以上方法並不湊效，在醫生的建議下可嘗試短期使用安眠藥或使用協助入睡的健康產品如退黑素（melatonin），因為充足及有質量的睡眠是十分重要的。

（6）壓力處理

壓力本身與疼痛、睡眠質素、免疫系統息息相關，所以患者應檢視自身壓力處理的技巧。當然不同的人有不同的減壓方法，但若果能掌握更多不同放鬆及減壓的技巧，對自身、對病情及對身邊人，也有莫大的益處。

（i）一般減壓方法包括：運動、聽音樂、找朋友傾談、交友、享受大自然等。

（ii）坊間組織：一些工作坊、講座、學習減壓技巧，並透過專業輔導人員的幫助，學習包括靜觀、認知行為治療等鍛煉。

（7）感染預防

無論是因為疼痛引起的感染，或因部份藥物都有機會提升感染機會，所以患者應小心預防。

（i）保持家居清潔、空氣流通。

（ii）保持個人衛生、勤洗手。

（iii）保持飲食衛生、避免容易滋生細菌的食物。

（iv）接種預防疫苗（如流感疫苗、肺炎鏈球菌疫苗、帶狀皰疹疫苗），或者可先諮詢主診醫生的意見。（見附表）

2012 美國風濕病學會更新了有關「就剛開始及正接受改善病情抗風濕藥（DMARD）或生物製劑治療的類風濕性關節炎患者接種疫苗」的建議指引 *

	滅活疫苗（killed vaccine）				重組型疫苗（Recombinant Vaccine）	減活疫苗（live attenuated vaccine）
	肺炎球菌疫苗 +	流感疫苗（肌肉注射）	乙型肝炎疫苗 ‡	帶狀皰疹疫苗	人類乳頭瘤病毒疫苗（HPV）	帶狀皰疹疫苗
開展以下療程前						
單獨使用改善病情抗風濕藥	✓	✓	✓	✓	✓	✓
合併使用多種改善病情抗風濕藥 §	✓	✓	✓	✓	✓	✓
抗腫瘤壞死因子生物製劑 ¶	✓	✓	✓	✓	✓	✓
非抗腫瘤壞死因子生物製劑 #	✓	✓	✓	✓	✓	✓
進行以下療程期間						
單獨使用改善病情抗風濕藥	✓	✓	✓	✓	✓	✓
合併使用多種改善病情抗風濕藥	✓	✓	✓	✓	✓	✓
抗腫瘤壞死因子生物製劑 ¶	✓	✓	✓	✓	✓	不建議 **
非抗腫瘤壞死因子生物製劑 #	✓	✓	✓	✓	✓	不建議 **

* 所有建議接種疫苗的實證醫學證據等級為 C 級。✓ 代表建議接種疫苗（基於年齡及風險）

\+ 疾病控制及預防中心亦同時建議確診患有慢性疾病人士，例如類風濕性關節炎患者，應每 5 年再次接種一次肺炎球菌疫苗。如患者踏入 65 歲，並於 65 歲前只接種過一次肺炎球菌疫苗，不論接種時間是否足夠 5 年，都應再接種一次炎球菌疫苗。

‡ 如患者有肝炎風險（例如濫用靜脈注射藥物、6 個月內有多於一位性伴侶、醫護人員）

§ 改善病情抗風濕藥包括：羥氯喹（Hydroxychloroquine）、來氟米特（Leflunomide）、甲氨蝶呤（Methotrexate）、四環素（Minocycline）及柳氮磺胺吡啶（Sulfasalazine）。而合併使用改善病情抗風濕藥治療包括雙治療（常以甲氨蝶呤為基礎治療，配合其他藥物）或三種治療（羥氯喹 + 甲氨蝶呤 + 柳氮磺胺吡啶）

¶ 抗腫瘤壞死因子生物製劑包括：adalimumab, certolizumab pegol, etanercept, golimumab 及 infliximab

非抗腫瘤壞死因子生物製劑包括：abatacept, rituximab 及 tocilizumab

** 根據蘭德公司（RAND）與加州大學洛杉磯分校（UCLA）合理性方法，研究小組成員認為「不建議」，故此評審為「不建議」類別。（合理性方法測量中位數為 1）

（8）物理治療

因關節炎影響了關節的活動幅度、跟腱和肌肉的問題，所以患者應透過適當的物理治療去達致恢復關節活動幅度、肌肉的鍛煉等。（詳見物理治療專題）

（9）職業治療

關節炎影響患者的關節功能，繼而影響生活不同部份，職業治療正是針對不同患者的需要，作出一些保護關節以及有效提升工作能力的技巧。（詳見職業治療專題）

類風濕性關節炎的
人工關節置換
——專訪香港大學矯形及創傷外科學系關節置換外科曲廣運教授

類風濕性關節炎會持續破壞全身關節，若關節被破壞至影響正常功能，患者便可考慮透過置換人工關節，改善活動能力。

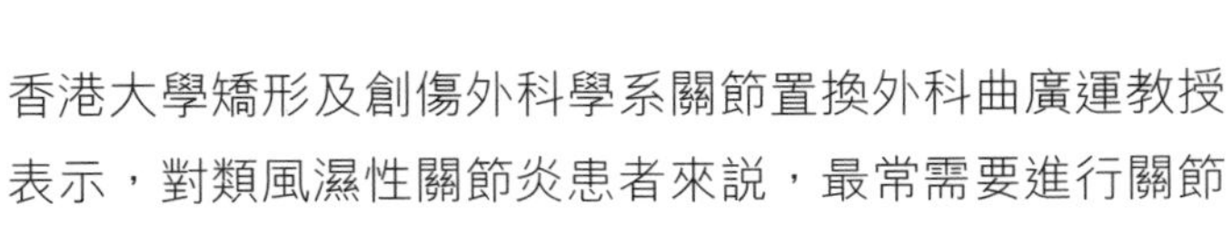

香港大學矯形及創傷外科學系關節置換外科曲廣運教授表示，對類風濕性關節炎患者來説，最常需要進行關節置換的部位是膝關節和髖關節，其餘包括肘關節、肩關節、腳踭關節及手腕關節等。不過，隨着藥物不斷進步，加上患者對疾病的認識增加，提前求醫，近年因關節被嚴重破壞而需要接受換骹的患者比例，已大幅減少。舉例説，20 年前，每 5 名需要置換膝關節的病人中就有一名為類風濕性關節炎患者；但現時每 20 名中則只有 1 名。

何時需要置換人工關節？

至於何時需要置換人工關節，曲教授指要視乎關節的破壞程度：「一般來説，如果藥物已無法紓緩關節痛、關節出現明顯變形，又或者功能受到影響，例如連拿起一個飯碗都無力，醫生便會建議患者考慮置換關節；但假如只是關節輕微變形，不痛且不影響功能，則未必需要馬上更換。而若果同一時間有多個關節受損，通常醫生會先更換最痛的關節，每次可以換一個至一對關節。」

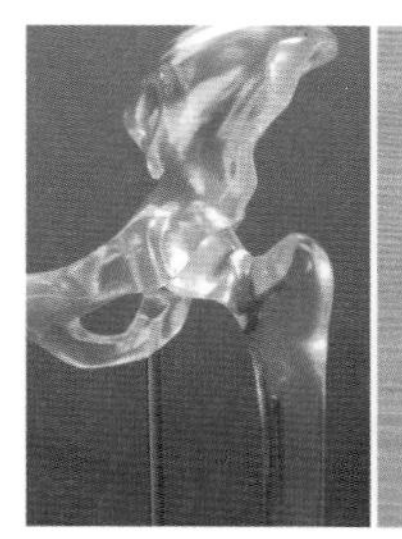

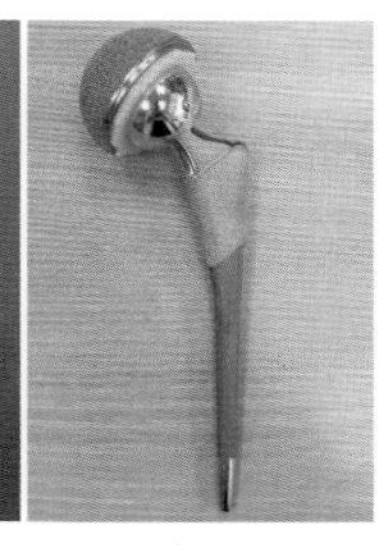

髖關節模型（左）和全髖關節置換組件（右）

無使用期限 早換早「享受」

比起隨年齡增長引致的退化性關節炎，類風濕性關節炎較早發病，所以部份患者於年輕時便需要換關節。臨床上，曾遇過年輕患者因擔心人工關節有使用期限，為免日後需要再次更換，寧願強忍痛楚，拖得就拖。

曲教授解釋，隨着技術不斷進步，現時採用的人工關節比以往耐用。「在90年代，每10名置換關節的患者中，大約有3名在10年後會因種種原因，而需要重做手術。但2000年之後，10個人之中，有9名於20年後，仍然毋須再做手術；甚至有使用舊款人工骹的患者，過了20、30年後，依然

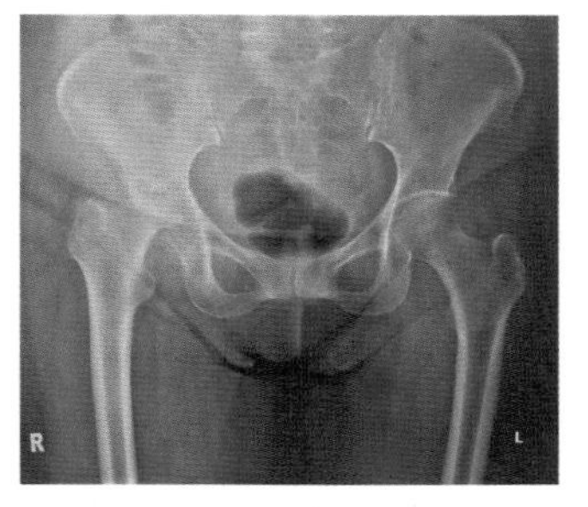

全髖關節置換手術前X光片

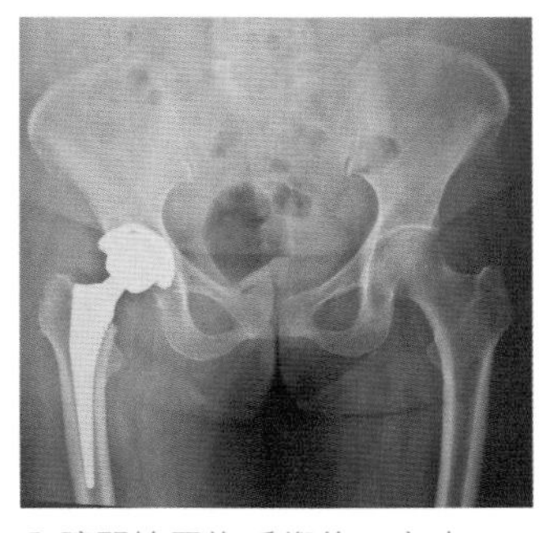

全髖關節置換手術後X光片

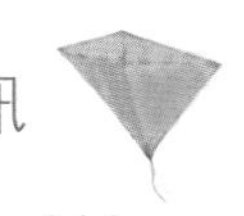

運作正常，可見延遲手術的想法已經不合時宜。」

備有不同位置尺碼選擇

他補充，人工關節的主要材料，包括用來連接及固定骨骼的特殊合金，以及作為活動面的醫學塑膠（聚乙烯），近年已換上新的處理方法，令其承受磨損的程度較以往提升，變得更加耐用。而且，目前市面上提供多款人工關節，有不同部位可供選擇之餘，各個型號之間，大小亦有兩至三毫米之差，讓不同體形的患者都能合適配對，使用起來會更舒適和容易適應。

技術進步 減少手術創傷

置換人工關節屬重建手術，所以一般會採用開放式手術。多年來，本港醫學界已累積了多年經驗，再配合新型輔助工具，手術的效率及安全性已明顯提升。以置換大腿髖關節為例，現時只需開出一個 10 厘米的創口，較以往縮減了接近一半，減少對皮膚肌肉的創傷。

對於置入外物，不少人會擔心出現排斥或不良後果。研究及臨床所見，患者手術後甚少出現關節排斥，主要風險來自傷口感染，但機會率不多於 1%。對於置換下肢關節，即膝關節或髖關節的患者，其中一個風險是手術後出現靜脈栓塞（俗稱「經濟艙症候群」），原因是術後初期腳部活動較少，會影響血液循環，一旦在靜脈形成血塊，不只會堵塞血管，當血塊隨着血液游走至心肺，會引致肺栓塞，嚴重可以致命。「預防方法是在手術後半個月處方薄血藥，有助血液流通，減少併發靜脈栓塞的機會。」

保持運動 避免體重增加

不少患者關注在手術後如何做關節護理，其實相當簡單。在術後初期，患者應避免進行劇烈或撞擊性運動，以防關節脫位。約六星期後，當關節癒合，其實可如常運動，毋須過份忌諱。

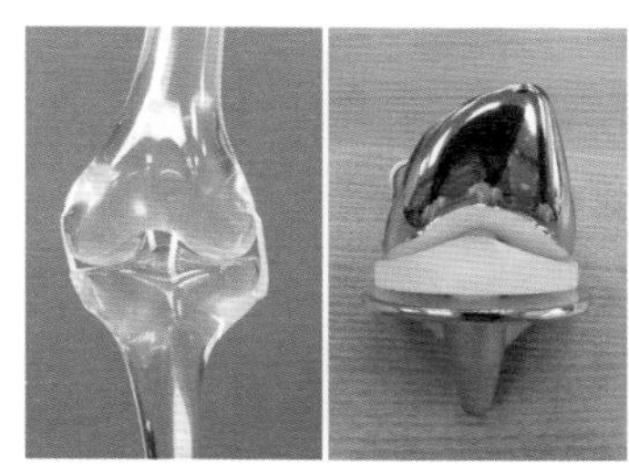

膝關節模型（左）和全膝關節置換組件（右）

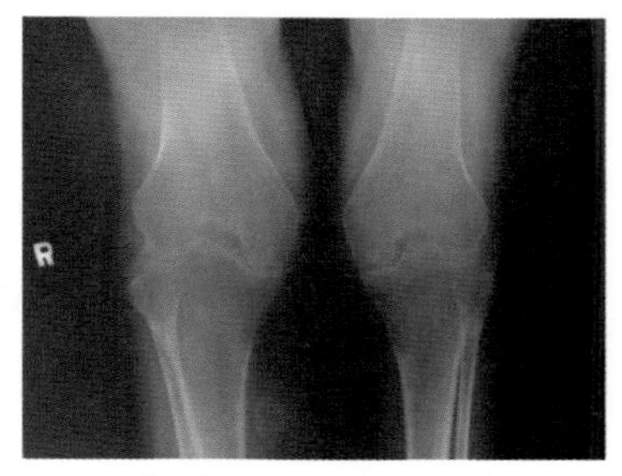

全膝關節置換手術前 X 光片

「根據經驗，大部份類風濕性關節炎患者都能成功完成換骹手術。曾經有患者在 70 年代置換了最早型號的膝關節，如今過了 40 年，仍然毋須更換；也有患者用了電動輪椅 6、7 年，換骹後連拐杖都不需要。」曲教授提醒，千萬不要因擔心人工關節會被磨蝕而減少甚至不做運動，「原理等於買了新鞋就應該多穿。所以我們會建議患者除了日常使用，還要多做運動。既可令身體健康，又可避免體重增加。」他強調，一般運動不會影響人工關節的壽命，但要避免跌倒，以免關節附近的骨骼折斷，影響關節活動能力。

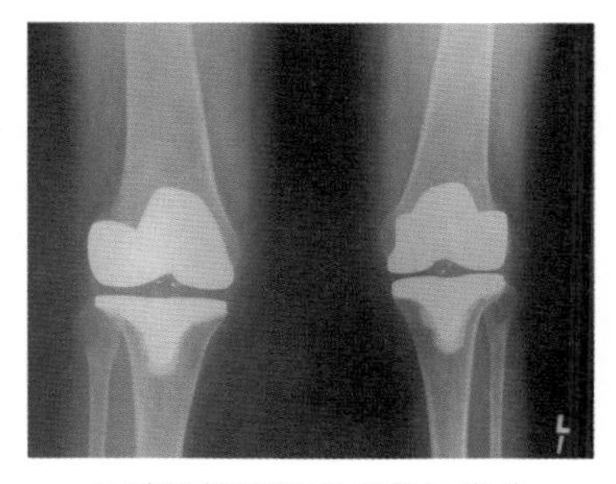

全膝關節置換手術後 X 光片

統合職業治療有助改善生活技巧
保護關節延長關節壽命
——專訪香港理工大學康復治療科學系醫療科學（職業治療）博士課程主任李曾慧平教授

不少人會認為職業治療只是針對與工作有關方面的復康治療，其實職業治療所涉及的範圍包括患者的作息、生活、餘閒等相關的活動，具體一點來說，職業治療是要提升患者的自立能力及應付自我需求的問題。職業治療師更會關顧患者的身體及心理狀態，創造一個環境去讓患者適應及推動患者獨立完成日常活動，繼續參與喜歡的活動或者工作，達到與其角色相匹配的需求。

香港理工大學康復治療科學系醫療科學（職業治療）博士課程主任李曾慧平教授指出，不少人都會對職業治療及物理治療兩者有所混淆，簡單來說，物理治療師會透過專業的評估，包括關節活動幅度、肌肉力度、平衡力和協調等，為患者設計合適的治療訓練。利用手法治療、運動治療和聲、光、電等物理因數等治療方式來減輕患者的痛楚、回復關節的正常活動、強化肌肉、提高平衡能力等。

職業治療目標：提升自理能力、促進獨立生活

職業治療是一種針對短暫或永久性身心傷病人士的復康治療。職業治療師會提供不同的功能性評估檢測，以便了解患者的認知、體能、耐力是否能配合日常需要，根據需要選擇合適的輔助器材並對環境的安全及便利性進行評估及改裝，幫助患者接受治療，掌握所需生活技能，協助他們重返家庭、重回工作崗位、重新投入社群生活，以實現獨立人生。

以類風濕性關節炎為例，李教授表示，類風濕性關節炎與一般的骨傷例如扭傷、斷筋的病症不同，因為類風濕性關節炎是一個系統性的疾病，主要由於類風濕因數觸發免疫力而影響到防禦的細胞侵襲正常細胞，尤其是侵襲關節內的滑膜等，所以身體多個地方都會同時受到影響。雖然系統性的問題可以透過藥物去幫手控制，但是患者的病情仍然會時好時壞，甚至是病發後不少患者會面對活動能力退步，職業治療師則會幫助患者學習應付這些高高低低的心態及關節退化的狀況。

「假設一般人的關節的可用值達 100 萬，但類風濕性關節炎患者的關節則只有 50 萬，因為他們的關節容易受免疫系統攻擊而產生損耗，所以患者要『慳啲用』。『慳啲用』並不代表患者要減少活動量、『唔好郁』。職業治療在這方面扮演一個很重要的角色，職業治療師會根據每個風濕病患者的情況，指導他們改變生活習慣，令患者能保護關節之餘，更可以長久地使用關節，毋須提早換人工關節或依賴輪椅。」

免疫系統疾病難以完全根治，需由生活習慣做起

李曾慧平教授表示，一般的扭傷可能只需透過物理治療協助康復，甚或毋須用藥物都可慢慢復元，但類風濕性關節炎患者必須時刻保持警惕，以免病情復發。職業治療師最希望的是患者於一年後以至十年後仍然可以活動自如，使患者可以一直保持優質的生活質素及獨立生活。「有一位賣菜的女士，不幸患上類風濕性關節炎，雖然有服用藥物控制疼痛，亦有透過物理治療去紓緩病情，但由於未有改變生活習慣及適當地保護關節，所以關節持續勞損，最後需要靠輪椅過活。」

及早保護關節 減低做關節置換手術機會

事實上，過去就曾有研究證實，有 10% 至 15% 的類風濕性關節炎患者會有嚴重退化問題，如果患者在病發初期及早使用輔助支架、手托等，他們所承受的痛楚，會較沒有使用輔助工具的患者少。因為類風濕性關節炎患者一般易有晨僵，如關節僵硬、手指欠靈活等，主要是由於睡眠時關節長期靜止不動，受累關節的滑膜由於炎症而導致組織液滲透或充血水腫， 而使關節腫痛而僵硬。是關節周圍組織腫脹。隨着時間的推移，滑膜的炎症會影響關節軟骨和骨骼的結構，造成持續性的疼痛及關節不穩。如果患者由病發初期開始使用手托等支架，可以確保在睡眠時維持關節正常的體位，延緩炎症對關節造成的改變，便可有效預防關節疼痛及關節畸形的情況出現。「如果能在未變形前，及早透過各種方法、輔助用具去預防情況惡化，一定會較出現變形後才進行康復來得簡單、輕鬆。而且，若能及早預防，便可減少日後做手術，如髖關節、手指關節置換手術的機會，『慳』到的不但是十多二十萬元的手術費，而且更

可維持工作能力，對社會、對家庭經濟、個人健康精神都有好處，如此一來，不是更為划算嗎？」

李教授強調，職業治療師會因應類風濕性關節炎患者的不同生活需要，去設計不同的輔助工具配合，以達到保護關節的效果，以下是一些常見的生活小貼士，患者可從中學習，並與自己的職業治療師商討，在保護關節的前提下，找到最適合自己的生活方式，延長關節的壽命，提高生活品質。

（1）避免過重負荷

類風濕性關節炎患者以女性人數較多，不少更是家庭主婦，她們每日需處理不同的家務或買菜購物，重複進行例如擰毛巾、擰地拖等動作，對手掌、手腕的關節特別容易造成勞損，所以患者要留意避免擰大毛巾，或者改用海綿代替毛巾去抹檯、洗澡等；清潔地板亦可改用一些有按擰或手壓腳踩的地拖幫手。

可用腳清洗和甩乾的拖把

用肩膀或者手推車購物

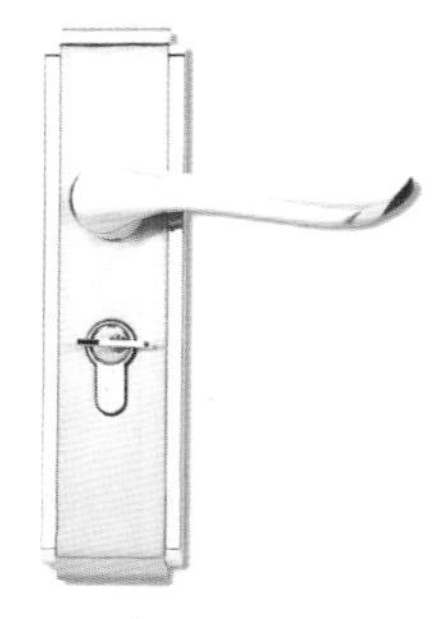

另外，類風濕性關節炎患者在日常生活中亦有機會經常面對擰開樽蓋、水樽，開關球形的門鎖或者水龍頭等難題，擰動時有機會令手腕側偏或手指勞損，長遠都有機會增加變形風險，所以可以透過輔助工具，例如在擰動樽蓋時外加一塊抹布才擰動，或者直接使用槓桿型的開關等來減低直接勞損的機會，而職業治療師可以篩查您生活工作中錯誤使用關節的機會，亦可教授不同的擰動方法，進一步減低關節受損。

事實上，不同的姿勢改變都會對患者有幫助，因為負重的力量可以由小關節轉移到大關節或大肌肉之上，不僅可以降低小關節的損耗，也可提升患者進行相同動作時的持久力，但每位患者對每個行為、動作需求水準不一，所以必須透過職業治療師的分析、判斷，設計最合適的方法保護關節。

(2) 避免長期重複使用同一關節

若持續地維持一個動作、姿勢，會使身體壓力過份集中於某些關節及組織上，繼而引致過勞及變形，所以類風濕性關節炎患者應避免長時間維持同一固定姿勢，例如應避免手指長時間屈曲，如工作上需要書寫或打字，應不時停下來休息，舒展一下手部，患者亦可添置手托，減低手部變形、側偏等。如患者長時間需要使用觸摸式的電子產品，亦可使用手機輔助支架減低關節過度伸展或屈曲致勞損的問題。

如患者的工作是屬於體力勞動方面，例如清潔、搬運重物等，亦必須小心留意自己工作時的姿勢，及維持足夠的休息時間。在搬重物時，須使用輔助手推車、使用正確的搬運姿勢、或兩人一起幫手搬運，並且每工作 1 小時便小休 5 至 10 分鐘。如患者受影響的關節為腰、腳等位置，他們不單止需要坐下來休息，最好更應該躺下來，讓身體完全休息。

（3）家居改造

對於病情較嚴重的類風濕性關節炎患者，他們在完成很多活動中可能由於疼痛，平衡不足等原因導致在家中完成活動困難，乃至於跌倒。跌倒也是造成老年人生活品質急劇下降的重要因素之一。故職業治療師會為他們進行家訪，以便真正改善生活環境，讓類風濕性關節炎的患者能獨立、安全地在家裏生活。洗手間和廚房是職業治療師關注的重點，他們會改裝廁所的設計，如在坐廁附近加設扶手裝置、增加坐廁的高度，以配合有膝部關節或腳趾關節問題的患者需要，減低他們如廁後要用力站起來的困難及跌倒的風險。

此外，浴缸對類風濕性關節炎患者來説亦是高危地方之一，因為患者可能無法提高腿部跨過浴缸或淋浴時滑到而引致意外，所以職業治療師會因應患者的能力而鋪設防滑墊、添加浴缸扶手，甚至改為淋浴及淋浴坐椅等。

廚房方面，亦是家居改造的另一重點，例如須改變廚房桌子的高低、廚房工具的放置規則，都或須重新設置，即是將常用的器具放置在較前位置，不常用的可放在較高的地方，儲存物件時亦要將較重的東西放在低下位置，避免拿取時的負重影響關節。

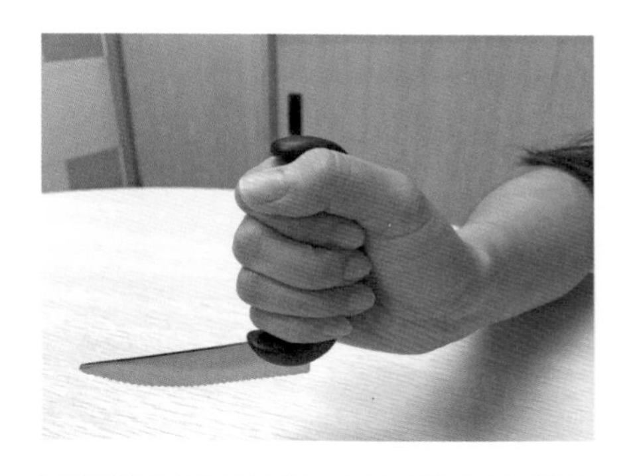

如有必要，患者亦需要改用加粗或加墊的筷子、轉用塑膠製的器皿等，有手部關節問題的患者又應添置幫助扣上衣服鈕扣的工具，實行全方位配合生活需要，繼續獨立自主的人生。

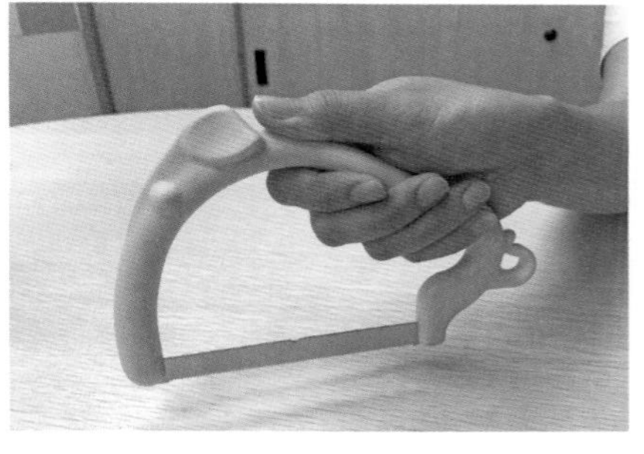

自我管理助類風濕性關節炎患者應對挑戰——專訪香港復康會社區復康網絡註冊社工劉兆康

治療類風濕性關節炎，醫生診治及藥物治療固然重要，患者做好自我管理亦是重要的一環。香港復康會社區復康網絡（CRN）註冊社工劉兆康表示，自我管理包括「疾病管理」、「情緒管理」和「角色管理」三大範疇，透過專業復康團隊的協助、病友間的自助互助和身邊人的支持，患者可以更有效地控制病情，與病共存。

適量運動有助紓緩關節壓力

社區復康網絡（CRN）設立之目的，是協助慢性病患者處理各式各樣的挑戰。在自我管理中排首位的是「疾病管理」，目的是教導患者如何面對及處理疾病。劉兆康解釋，對風濕病患者來説，遵從醫生指示按時用藥改善病情和紓緩症狀，是疾病管理的第一步。

「除了藥物治療，類風濕性關節炎患者很多時會因為怕痛、或擔心影響關節而不做運動。其實平日做適量的肌力運動或拉筋運動，不只能紓緩關節壓力，更有助減少肌肉僵硬的情況和紓減痛楚。」

此外，透過改善家居環境以防跌倒受傷，或利用輔助工具解決日常生活上的難題，均有助提升患者生活質素。

學習情緒管理適應角色轉變

患病難免影響心情，類風濕性關節炎患者要長期忍受痛症，有負面情緒可謂正常不過。因此，「情緒管理」是第二大重點，目的是先讓患者認識和接納自己有負面想法，「否定自己有情緒，勉強自己不要擔心、過分正面等，對處理情緒沒幫助，反而會令負面想法不斷循環，繼而影響病情。」

除了要改變心態，很多研究均顯示，痛症患者透過靜觀練習，可放鬆情緒和提升睡眠質素。「類風濕性關節炎患者經常會在睡夢中痛醒，所以風濕科和情緒相關小組不時會舉辦靜觀練習課堂，教導患者呼吸練習，從而放鬆身心，及讓注意力放到痛楚以外的地方，以紓緩痛楚的感覺。」

至於「角色管理」，簡而言之，就是協助患者適應生活上的轉變。舉例說，患者可能要暫時離開工作崗位或轉換工作環境，又或者無法應付日常家務，不論生活上、心理上，都需要時間重新適應。

病人互助小組聯繫同路人

香港復康會一直十分關注風濕病患者，推出針對他們所需的自我管理課程超過 10 年，專業團隊由註冊社工、護士、物理治療師及職業治療師組成，亦有專科醫生、營養師、藥劑師、臨床心理學家及大學教授擔任義務顧問及協助提供服務，更會透過與病人自助組織及互助小組合作，促進患者間的交流。

「患者平日到醫院覆診，覆診完便返家，未必有機會認識其他病友。以往不少病友都反映，每次病發時的發炎、痛楚，就算和家人分享，他們都未必能夠理解，箇中感受只有其他病友才會明白。因此，透過加入病人互助小組，可以讓患者認識更多同路人，不再感覺孤單。」

訂立行動計劃提升身心健康

除了作為情緒支援，在活動過程當中，患者間通過互相鼓勵和支持，可以帶來更多正面的改變。劉兆康透露，活動的其中一個重要環節，是訂立行動計劃，通常是一些他們想做，完成後對身心健康有所改變的計劃。

「計劃目標通常與情緒或改善身體狀況相關，舉例說，有些組員從未想過可以做運動。而透過教育和訂立計劃，讓他們慢慢認識到運動不一定會受傷，反而會幫助到自己。彼此互相支持，亦都令他們更有動力改變生活習慣和多做運動。」

以自身經歷鼓勵其他病友

劉兆康表示，參與自我管理計劃的類風濕性關節炎患者，均認同計劃對控制病情、重建自信和建立健康生活模式有很大幫助。他曾經接觸過一個年約 40 歲的幼稚園女教師，發病初期因為手指及雙腳的關節嚴重劇痛，需停工休養。

「記得第一次見面時，她情緒很低落，關節痛令她對任何事都提不起勁，亦拒絕運動。後來，她在互助小組接觸到同路人，開始嘗試做運動，慢慢發現運動後痛楚減少了，連心情也慢慢變得較好了。於是，她開始積極參與風濕病小組舉辦的活動，又參加情緒管理的課堂，累積不同的復康知識。」

半年下來，她由一個充滿負能量、只想着盡快復工的患者，再一次對生活有盼望，並願意為自己的健康努力付出的組員。「她現在覺得健康最重要，更將患病這段日子視為假期，除了爭取時間專心做復康，又透過自身經歷，服務和鼓勵其他病友。反映情緒上的改變，對紓緩病情有正面的幫助。」

恒常運動有助延緩關節惡化
——專訪香港復康會一級物理治療師謝學章

一般關節受傷，很多時只要經過休息，痛楚便會慢慢消退。但對於類風濕性關節炎患者來說，愈是休息、愈是不郁動，關節疼痛情況反而會變差。香港復康會一級物理治療師謝學章指出，類風濕性關節炎患者可以透過簡單的恒常運動，便有助紓緩痛症，保持活動能力，改善日常生活。

愈不運動關節會愈痛

類風濕性關節炎其中一個最常見的症狀，是睡醒後出現晨僵，這是由於患者身體長時間處於靜止狀態，令關節會變得僵硬所致。謝學章提醒，治療類風濕性關節炎，不能單靠藥物，運動亦是不可或缺的重要一環，種類包括伸展運動、肌肉力量訓練及心肺功能訓練等。不過，類風濕性關節炎患者於甚麼時候適合進行運動、運動的強弱或幅度等，則因人而異，必須先與專業人士商討、制訂計劃。

「如患者正處於急性發炎期間，首要目標是控制炎症及痛楚，所以會建議多休息，或先處理好痛症。當感到痛楚減輕，就可以做一些輕柔的伸展運動，有助放鬆關節及紓緩痛楚。待情況穩定，再加入鍛煉肌肉和心肺功能的運動，從而強化關節和提升身體活動能力。」

不過要令患者踏出運動的第一步，並非易事，尤其是剛開始做運動，會覺得關節比之前更痛，令不少患者卻步，擔心愈做愈傷。「痛可以由不同成因引致，假如患者長時間沒運動、開始練習新動作，或一下子延長了運動時間，痛是正常現象；通常休息一、兩日後痛楚會慢慢減退。但如果經過休息，痛楚依然持續，甚至有加劇跡象，就可能是運動過量，需要縮短時間或調低運動量。」

運動要量力而為循序漸進

謝學章表示，類風濕性關節炎患者的關節較脆弱，因此運動應循序漸進，由淺入深。例如伸展運動，好比運動前後的熱身及冷卻運動，建議每日進行，但伸展幅度是以輕度為目標。當患者養成了運動習慣，下一步是配合肌肉力量和心肺功能訓練。

「肌肉力量訓練運動主要是鍛煉肩膊、髖關節及膝蓋等大關節，重點是必須低衝擊性，例如拉橡筋帶、舉水樽、太極及水療等。」他又鼓勵患者多進行水療，一來暖水有助放鬆關節。二來水有浮力和阻力，前者可減輕關節負荷，讓患者活動時更得心應手。而後者則可為身體關節提供較全面的訓練。

至於訓練心肺功能的重要性，在於類風濕性關節炎患者長期缺乏運動，容易導致氣喘；越氣喘就愈不想郁動，造成惡性循環，影響生理和情緒健康。換言之，只要增強心肺功能，不只有助改善生活質素，更可提升整體狀態。

讓 80 歲婆婆重燃希望

謝學章強調，運動無分年齡，80 歲都可以做運動：「其中一個個案是獨居婆婆，因為長期關節痛，每日的活動範圍，就是從睡床行到旁邊的椅子，其心情可想而知。」

一開始，物理治療師教婆婆先自行按壓穴位紓緩痛楚，謝學章笑言，婆婆起初都半信半疑，但按壓了一段時間，痛楚似乎真是減輕了，最後因為覺得一個簡單小動作原來也能幫到自己，所以婆婆開始肯嘗試做一些簡單運動，例如拉筋、拉橡筋繩或原地踏步等。

事實上，這些看似簡單的運動，其實已包含了伸展運動、肌肉力量及心肺功能訓練。「日復日不斷鍛煉，婆婆現在已經毋須再用便椅，可以自己行去洗手間，可以行去廚房煲水，大大改善了生活質素，整個人都開朗了。」

度身設計運動組合

以婆婆的個案為例，謝學章指出，物理治療師會因應患者不同的情況，設計合適的運動組合。普遍來說，患者每次運動前後都需要做伸展運動，而「主菜」就是鍛練肌肉力量或心肺功能。

「心肺功能鍛煉是全身性運動，通常要做 20 分鐘以上，患者會感覺輕微喘氣、心跳加速和流汗。而肌肉力量訓練是針對不同的肌肉群組，通常要做 20 至 30 分鐘（20-30 次，做 2-3 組）。建議每日鍛煉不同部位，讓每組肌肉都有充份時間休息。」他補充，運動雖然有助改善病情，但必須量力而為，當關節出現紅腫熱痛，須暫停運動，待急性發炎期過後，就要盡早開展運動，延緩關節惡化。

動作一：

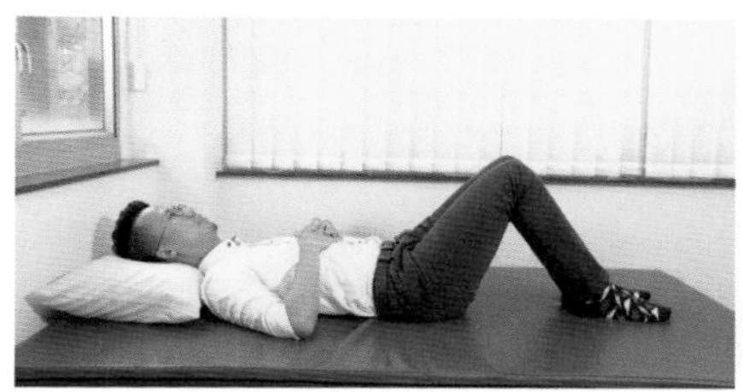

（1）平躺放鬆身體，雙腳屈曲拍齊，膝蓋呈 90 度。

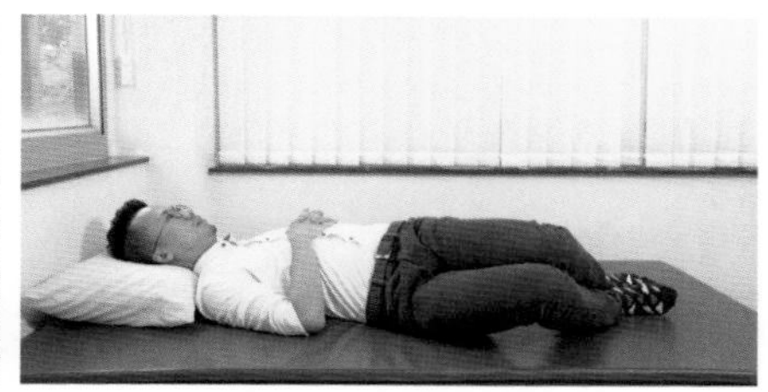

（2）背貼着床，雙腳和腰部向右邊擺動，停留 2 至 3 秒。

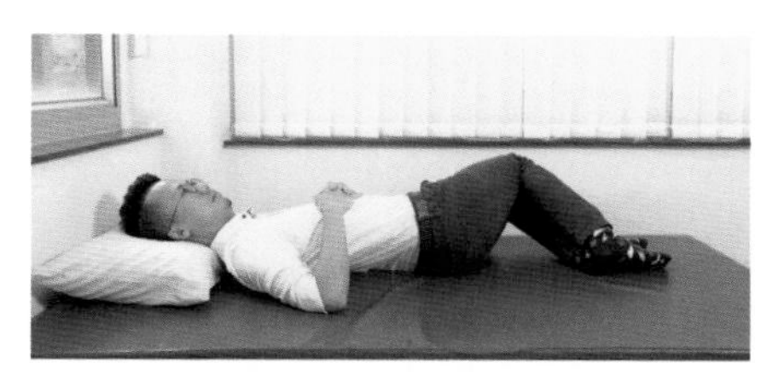

（3）同樣，雙腳和腰部向左邊擺動，停留 2 至 3 秒。

每邊做 20-30 次

效用：伸展腰骨和腰部肌肉，起床前做有助紓緩晨僵。

動作二：

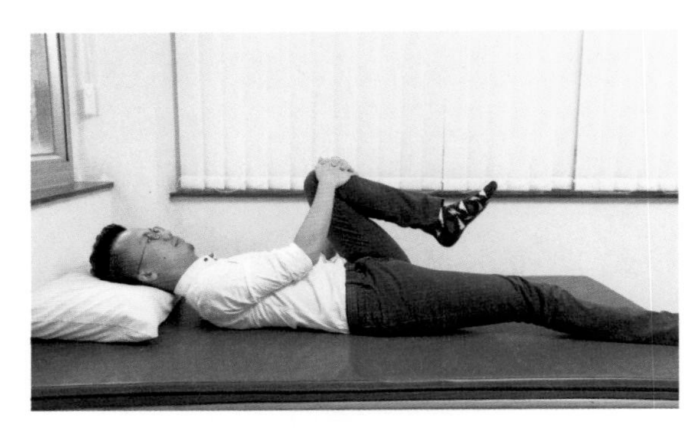

（1）平躺放鬆身體，雙腿伸直。
（2）屈膝提高左腳，抱膝，停留 2 至 3 秒。右腳重複以上動作。

每邊做 10 次

效用：伸展腰骨和腰部肌肉，起床前做有助紓緩晨僵。

動作三：

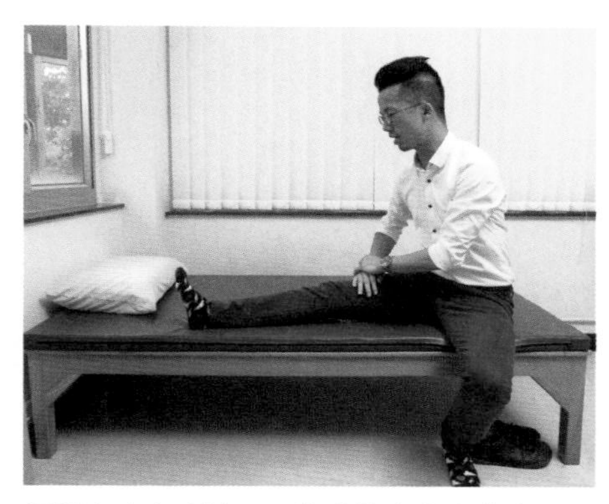

打側身坐在床邊，一隻腳放在床上伸直。腰椎挺直，將盆骨向前傾，然後壓向下，感覺拉扯到大腿後方的膕繩肌就為之正確。停留 10 至 15 秒。

每邊做 5 至 8 次。

效用：伸展大腿後方的膕繩肌。

錯誤示範

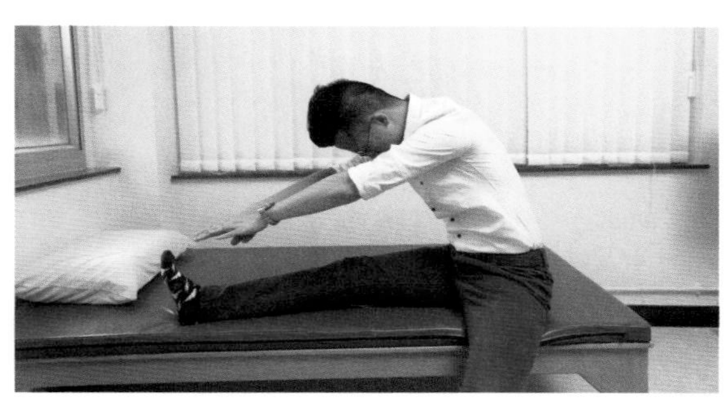

如果將盆骨向後傾，上身向前彎，會令所有拉力集中在上背和頸部，無法做到鍛煉（伸展）大腿肌肉的效果。

動作四：

類似拱橋，身體平躺，屈膝提高臀部。最理想是膊頭、盆骨、膝頭成一直線。停留 3 秒。

做 8 至 12 下，做三組。

效用：訓練背肌和臀部肌肉，保護關節。

動作五（動作四的進階版）：

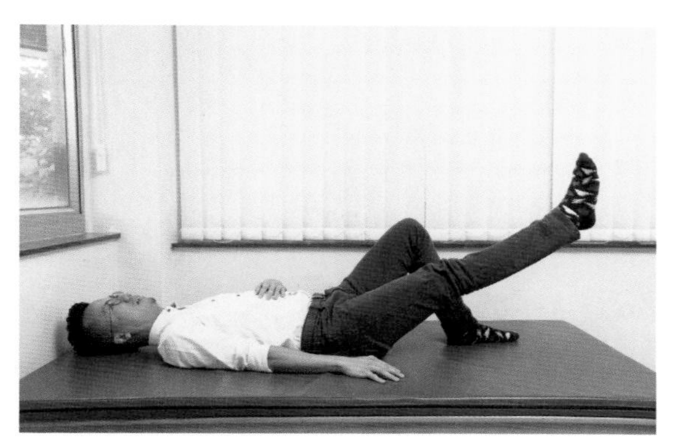

身體平躺，一隻腳屈膝抬起成 90 度，作用是平衡。另一隻腳伸直抬高至 30 度左右，停留 3 秒，然後慢慢放下。另一邊重複以上動作。

做 8 至 12 下，做三組。

效用：訓練腹肌和四頭肌，保護關節。

動作六：

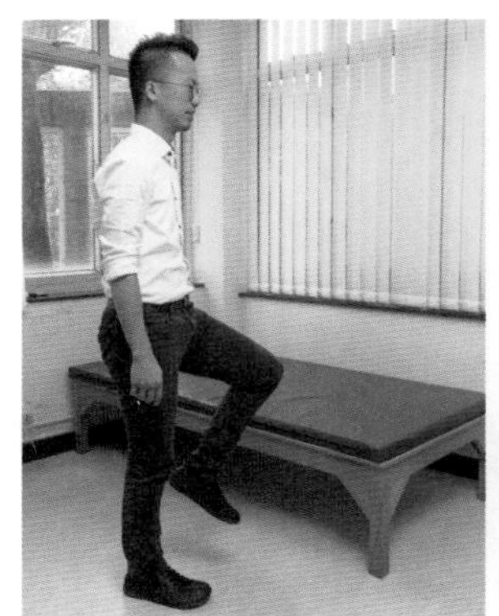
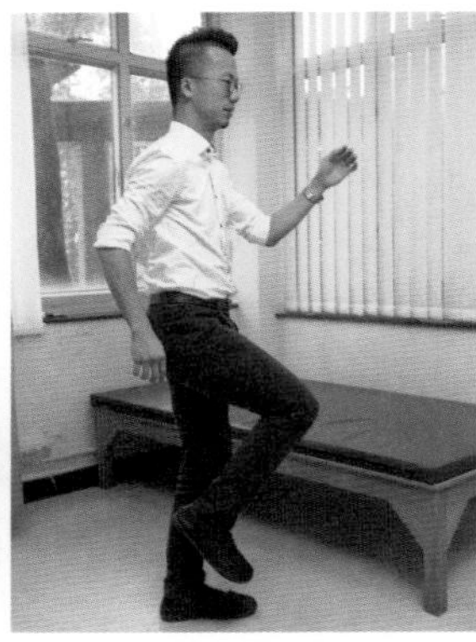
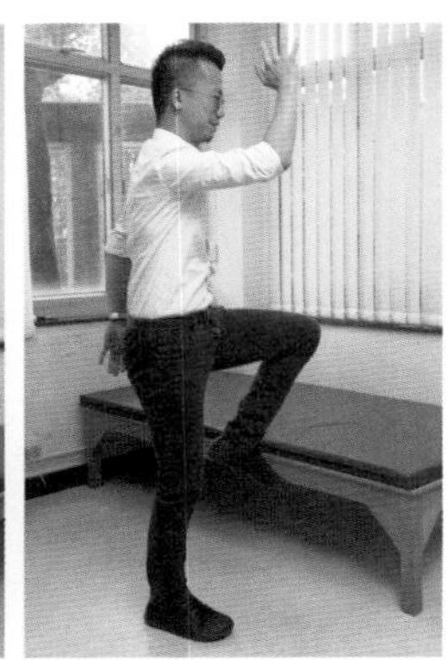

（1）原地踏步，雙腿盡量提高，雙手向前擺動。

（2）循序漸進，以出拳的姿勢將雙手伸向前，或向上舉（抬）高。

效用：訓練心肺功能

做 3 至 20 分鍾。全程要心跳加速，出汗，熱。

效用：心肺功能訓練

動作七：

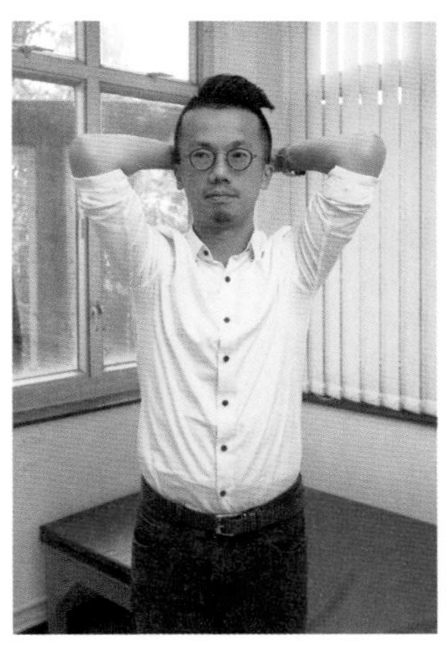
（1）雙手屈曲舉高，按着後腦。

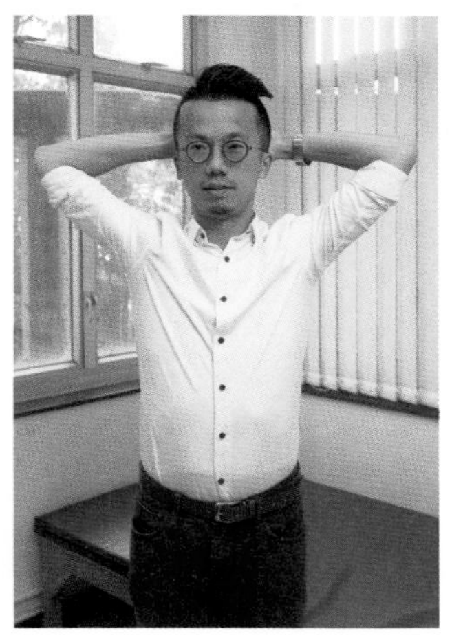
（2）雙手打橫向兩邊拉直，停留 10-15 秒。

做 5 至 8 次。

效用：訓練後三角肌。（伸展胸大肌）

動作八：

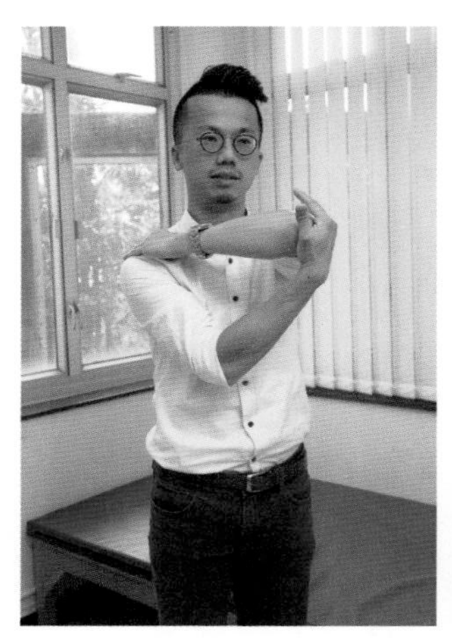

（1）將一隻手放在另一邊對面膊頭，手踭舉高向前。

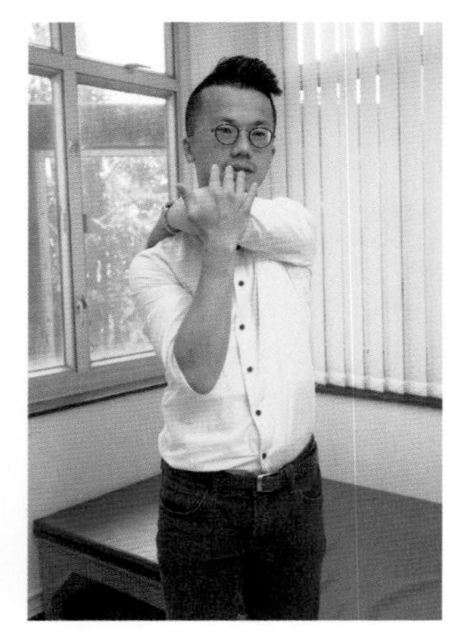

（2）將手踭推向自己，停留 10-15 秒。

做 5 至 8 次。

效用：訓練胸肌。（伸展後三角肌）

常用止痛穴位：

（1）手三里：位於手踭附近，主要針對紓緩上肢及頭部痛症，包括頭痛，手和肩膊的關節痛。

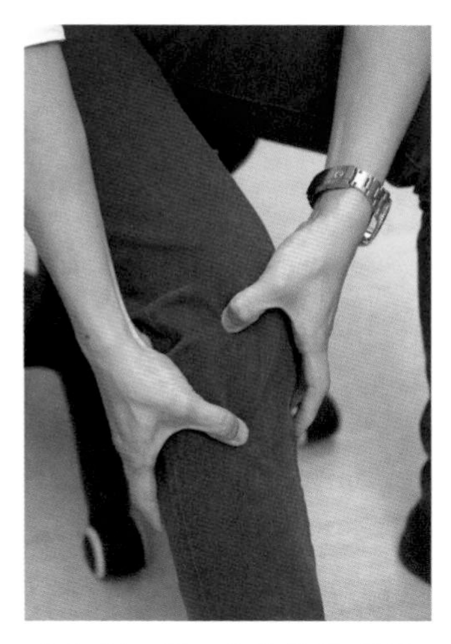

（2）足三里：位於外膝（眼）以下約四隻手指位，主要針對下肢痛症，如腳痛或膝關節痛。

懷孕與生孕

在診室內，懷孕與生育是醫護常與類風濕性關節炎患者（不論男女患者）觸及的一個課題。在分析此課題時應了解一個重要的疾病與妊娠以至藥物與各方的關係。（見下圖）

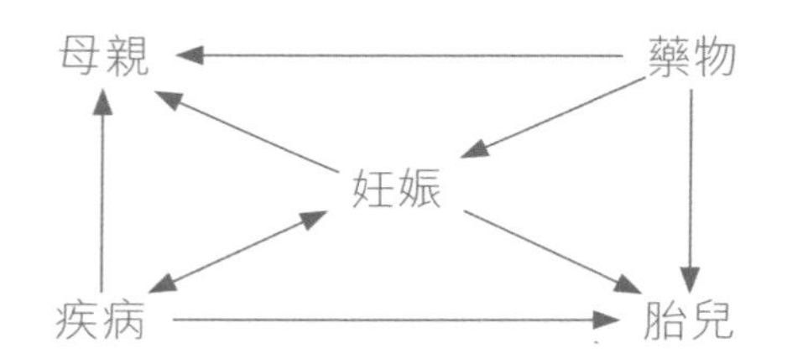

首先需要澄清及糾正一個錯誤的觀念，就是所有用藥（尤指是西藥）對懷孕和胎兒只有負面影響，所以便不顧健康與病情，自行停用藥物。但事實上，這是忘記和忽視疾病對胎兒的影響。

疾病如何影響成孕與妊娠和胎兒

不同的研究指出類風濕性關節炎患者的家庭規模（Family size）較小，意思是家庭的下一代數目較少。這可以和以下不同的原因有關：

- 類風濕性關節炎患者較早收經。
- 生育能力下降（Subfertility）。

（1）活躍病情者（DAS28 > 5.1）相比病情緩解的患者（DAS28 < 2.6）能於一年內成孕機會低（33% vs. 70%）。

（2）使用非類固醇抗炎藥（NSAID），可能會在排卵期前後影響了排卵和受精卵着床。

（3）使用類固醇超過每天 7.5mg 的劑量亦可能影響成孕。

** 但甲氨喋呤（MTX）的使用（此藥需在嘗試懷孕前三個月停用），在前瞻性研究中不影響以後成孕機會或卵巢的儲備。

- 個人的選擇，如擔心疾病遺傳給下一代或養育孩子時可能遇到的困難。
- 性生活的失調，包括行房次數等因素。

類風濕性關節炎亦影響了懷孕的結果，但數據顯示雖然未及一般健康婦女，但是比較紅斑狼瘡症患者較好。近期的研究得出的流產機會在患者中（17%）和一般大眾（11-22%）其實相若。個別的研究指出病情活躍者會增加早產及胎小的機會。

風濕藥物在懷孕及哺乳期間的使用

透過不同的研究，數據的收集和臨床的經驗，治療風濕病的藥物（就正如其他另類的藥療或健康產品一樣）有些是適合在孕婦中使用，但有些則需要事先停服。英國風濕學會表示，他們綜合了研究證據及專家建議，在 2016 年初發佈了風濕科相關藥物與懷孕及哺乳的使用指引。這是一份重要及具影響力的文件，極有參考價值。此外，不同的專科用書及論文亦有大同小異的建議。

表一：藥物在懷孕期及母乳哺餵期的相容性

	圍孕期相容性的	第一期妊娠相容性的	第二／三期妊娠相容性的	母乳哺餵相容性的	暴露於父親相容性的
皮質類固醇（Corticosteroids）					
• 培尼皮質醇（Prednisolone）	是	是	是	是	是
• 甲基培尼皮質醇（Methylprednisolone）	是	是	是	是	是
抗瘧疾藥（Antimalarials）					
• 羥氯喹（HCQ）	是	是	是	是	是[1]
改善病情抗風濕藥（DMARDs）					
• 甲氨蝶呤（MTX）<20 毫克／星期	三個月前停用	不是	不是	不是	是[1]
• 柳氮磺胺吡啶（SSA）（包含 5 毫克葉酸）	是	是	是	是[2]	是[3]
• 來氟米特（LEF）	膽酸解松脂廓清期，不是	不是	不是	沒有資料	是[1]
• 硫唑嘌呤（AZA）< 2 毫克／公斤／天	是	是	是	是	是
• 環孢素（CSA）	是	是[4]	是[4]	是[1]	是[1]
• 他克莫司（Tacrolimus）	是	是[4]	是[4]	是[1]	是[1]
• 環磷醯胺（CYC）	不是	不是[5]	不是[5]	不是	不是
• 黴菌酚酸（MMF）	六個月前停用	不是	不是	不是	是[1]
• 靜脈注射免疫球蛋白（IVIG）	是	是	是	是	是[1]
抗腫瘤壞死因子（Anti-TNF）					
• 因福利美（Infliximab）	是	是	在十六星期前停用	是[1]	是[1]
• 依那西普（Etanercept）	是	是	是（第二期）；不是（第三期）	是[1]	是[1]
• 阿達木單抗（Adalimumab）	是	是	是（第二期）；不是（第三期）	是[1]	是[1]
• 賽妥珠單抗（Certolizumab）	是	是	是[1]	是[1]	沒有資料
• 戈利木單抗（Golimumab）	沒有資料	沒有資料	沒有資料	沒有資料	沒有資料
其他生物製劑（Other biologics）					
• 利妥昔單抗（Rituximab）	六個月前停用	不是[6]	不是	沒有資料	是[1]
• 托珠單抗（Tocilizumab）	三個月前停用	不是[6]	不是	沒有資料	沒有資料[7]
• 阿巴西普（Abatacept）	不是	不是[6]	不是	沒有資料	沒有資料[7]

有關進一步的資料及注意事項，請參閱執行摘要和指引內的相關建議。[1] 資料有限。[2] 只在健康的足月嬰兒。[3] 在受孕前三個月前停用柳氮磺胺吡啶可能增加受孕機會。[4] 建議監測母體的血壓、血糖及藥物水平。[5] 只有在嚴重、可致器官衰竭或可致命的母體疾病。[6] 在第一期妊娠意外暴露於該藥物不太可能有害。[7] 不太可能有害的。

當一部份人總是覺得在懷孕中用藥有相當的保留，但不可不知在一些不育的夫婦中，在個別的情況下一些輔助生育的治療正是使用類固醇，丙種球蛋白（IVIg）甚至抗 TNF α 生物製劑等協助他們成孕及維持胎兒在母體內成長。

懷孕前的準備

因為類風濕性關節炎的直接影響（如頸椎及髖關節）以及關節外疾病對身體的整體影響（如貧血、營養水平及心肺功能等），患者應於懷孕前和風濕科醫生溝通及作事前的準備。

懷孕前 checklist 1, 2, 3

（1）病情評估及控制

- 評估活躍度及透過適當藥物穩定病情
- 懷孕前先照 X 光如頸椎 C1-C2 是否有脫位及肺部 X 光
- 髖關節的活動 / 張開幅度
- 血液、心、肺及腎臟功能評估

檢查是否帶有抗 R0 及抗 La 抗體，以防初生嬰兒狼瘡症

（2）藥物調整

- 甲氨喋呤（MTX）需在懷孕前的三個月前停止。
- 來氟米特（leflunomide）需要兩年之前停用，亦可用（cholestyramine washout）以助藥物排出體外。
- 羥氯喹、柳氮磺胺吡啶及抗 TNF α 生物製劑則按情況使用；但後者個別抗 TNF α 有不同停藥的時間。
- 開始服用葉酸（特別是患者有使用甲氨喋呤或柳氮磺胺吡啶）。
- 充足的鈣質及維他命 D（因類風濕患者較上有骨質疏鬆）。

（3）生活調整

- 適當休息
- 定時運動，提升心肺體能
- 飲食定時及均衡
- 戒煙、少酒

參考資料：

1. Pregnancy and rheumatoid arthritis. H. Ince-Askan, R.J.E.M. Dolhain. Best Practice & Research Clinical Rheumatology 2015; 29: 580-596

2. BSR and BHPR guideline on prescribing drugs in pregnancy and breastfeeding_Part 1 Standard and biologic disease modifying anti-rheumatic drugs and corticosteroid. J Flint et al. Rheumatology 2016; 55: 1693-1697

3. BSR and BHPR guideline on prescribing drugs in pregnancy and breastfeeding_Part II: analgesics and other drug used in Rheumatology practice. J Flint et al. Rheumatology 2016; 55: 1698-1702

4. Drug and Pregnancy. C Leatherwood, B L Bermas in Rheumatology 7th edition edited by Marc C. Hochberg Philadelphia, PA: Elsevier, Inc.

5. The EULAR points to consider for use of antirheumatic drugs before pregnancy, and during pregnancy and lactation. CG Skorpen, et al. Ann Rheum Dis 2016; 75: 795-810

類風濕性關節炎的生育與遺傳
——專訪香港風濕病學學會前會長、風濕科專科莫志超醫生

類風濕性關節炎患者一向以女性佔多，男女比例約為 1：3。常見發病年齡為年約 50 至 55 歲的收經後婦女，但亦有約四分一的女士在生育年齡的 40 歲前發病。以上之數字，反映了不少患者為正值生育年齡的女性，她們時常在病情控制和生育問題上處於兩難，更甚的是，擔心將類風濕性關節炎遺傳給下一代及藥物對胎兒的影響。

遺傳下一代機會不高

風濕病科專科莫志超醫生解釋，類風濕性關節炎與其他風濕病一樣，並非由直接單一基因遺傳的疾病。故即使父母其中一方患有類風濕性關節炎，都不代表會遺傳給下一代。

「類風濕性關節炎就好比高血壓或糖尿病，屬多種基因疾病。例如有家族性高血壓的人士，雖然會較易患上高血壓，但機會率不高。曾有外國研究指出，如果直系親屬患有類風濕性關節炎，子女的患病率會比一般

人高兩至三倍。以平均每 100 個人，累積有 1 至 2 個人患類風濕性關節炎計，就算高兩、三倍數字依然偏低，所以不構成阻礙生育的理由。」

帶有基因不一定發病

過去有研究發現，類風濕性關節炎的遺傳，與 HLA class II 基因或發炎物質有關，但就如上述提到，此病屬多種基因疾病，而且基因的外顯率因人而異，所以即使驗出帶有個別基因，不代表會發病，因此不建議透過檢驗作為預防。

「唯一例外的是，假如母親同時患有繼發性乾燥綜合症，患者體內的 anti-Ro 抗體，有大約 2% 機會導致胎兒出現先天性心律不常之問題。因此孕婦如確診有乾燥綜合症，就有需要檢驗 anti-Ro 抗體，若結果是陽性，就需要密切觀察胎兒的情況，或視乎情況處方藥物治療。」

計劃生育的最佳時機

莫醫生指出，對於有意生育的女性患者，最佳時機是當病情受到控制，可以減藥或停藥的時候。「原因是在病情活躍階段，患者需長期服食止痛藥或類固醇藥物，前者有機會影響受精卵着床，後者則會影響荷爾蒙分泌；再加上發病期間的心理壓力，種種因素均會減低患者的受孕機會。而即使成功懷孕，也有機會導致胎小、妊娠高血壓、早產甚至增加流產的風險。」

懷孕期間未必需要停藥

對於有患者因為擔心影響胎兒，在懷孕時會選擇自行停藥。莫醫生表示，目前治療類風濕性關節炎的藥物，主要分為傳統抗風濕藥和新型風濕科藥物生物製劑。如果治療期間發現懷孕，可諮詢醫生意見，調整或改變藥物處方，未必需要即時停止所有藥物。

「舉例説，一般的非類固醇消炎止痛藥、低份量類固醇和用於關節炎羥氯喹（Hydroxychloroquine），對胎兒不會有大影響，如有治療需要，懷孕期和哺乳期間都可繼續服用。但要注意在懷孕的第三個週期，即30 週左右需停用止痛藥，以免影響胎兒的血管生成。而傳統抗風濕藥甲氨蝶呤（Methotrexate）和來氟米特（Leflunomide），由於有機會導致畸胎，無論是計劃生育、懷孕或哺乳期間，都必須停藥。」

「其中最值得注意的是來氟米特，其半衰期可長達一至兩年，患者懷孕前最好先驗血，確保體內已無殘餘藥物，才計劃生育。而另一種傳統藥物柳氮磺吡啶（Sulfasalazine），雖然有機會導致嬰兒黃疸症，但 30 週前使用一般安全。不過，假如嬰兒出生後有皮膚及眼白發黃的現象，或懷疑有 G6PD 缺乏症，就不建議餵人奶，以免黃疸惡化。」

至於近年常用的生物製劑，除了舊一代的抗腫瘤壞死因子（anti-TNF）生物製劑，其餘暫時未有足夠數據支持，故懷孕期及哺乳期都不建議使用。「現時，香港採用的抗腫瘤壞死因子生物製劑共有五種，當中有三種屬單克隆抗體。醫學界考慮到此藥有機會抑制嬰兒的抵抗力，增加日後接種疫苗產生感染的風險，因此首選是非單克隆的 TNF 生物製劑，如 Etanercept 或 Certolizumab。不過為安全計，我們同樣會建議在 30 週左右停藥。」

懷孕或有助改善病情

至於懷孕本身會否影響患者的病情？莫醫生説剛剛相反，懷孕期間的荷爾蒙出現變化，反而有機會減少關節發炎：「類風濕性關節炎是由 Th1 細胞功能過盛引發的免疫病，懷孕期間，由於胎兒的身體抗原與媽媽不同，母體有機會出現免疫變化，可能由 Th1 變成 Th2，理論上有助改善病情。但假如孕婦本身的病情較嚴重，則未必產生改善的效果。」

他最後提醒，若患者計劃懷孕，應盡早與醫生商討用藥，將病情穩定控制後再決定停止或繼續用藥，更不應自行停藥。若產後再次復發，就要回復用藥，以控制病情。

社區資源

毅希會

毅希會（Hong Kong Rheumatoid Arthritis Association）於一九八九年在一群醫生、職業治療師及物理治療師的協助下成立。成立目的是凝聚患病的同路人，透過舉辦不同形式的活動，讓大家互相認識，逐漸成為知心好友，可以互相幫助、互相關顧，令情緒得以紓緩，不致孤單對抗疾病。本會的宗旨是發揮類風濕性關節炎病友互助精神，彼此激勵；交流及提供有關類風濕性關節炎資料；為會員籌辦康樂活動；推廣醫療教育；為會員爭取醫療福利。

毅希會為病友及其家屬籌辦遠足旅行，紓緩其壓力及加強會員間的聯繫。

毅希會會員趙慧賢女士擔任慈善音樂會的表演嘉賓，並由正副主席頒發紀念品。

毅希會安排迎新分享會讓新會員認識組織及促進彼此交流

毅希會安排主題樂園遊讓病友及其照顧者輕鬆及愉快地度過一天

與康文署合辦羽毛球訓練班

舉辦製作雪糕工作坊

毅希會會員組成陽光採訪隊義工探訪會友

首部關於類風濕性關節炎的微電影《Superwoman 節弦之痛》的首映禮和講座

毅希會定期透過友好聯繫組織包括香港風濕病基金會及香港復康會舉辦不同的活動讓會員參加。為了鞏固病友間的凝聚力及促進彼此的友誼，毅希會每年會舉辦一次週年大會暨聚餐，藉此讓新舊會員、名譽會員和各界機構嘉賓聚首一堂，見證本會邁向新的年度。另外，毅希會亦舉辦不同形式的活動，如申請免費暢遊迪士尼門票，讓會員輕鬆歡愉忘憂地度過一天主題樂園遊；舉辦迎新茶敍，讓新舊會員互相交流從而讓新會員了解病友組織的運作；安排戶外聯誼活動讓病友、家屬和照顧者出外郊遊，呼吸新鮮空氣，紓緩壓力； 舉辦一系列的運動班及興趣班包括水療自習班、瑜伽班、舒筋活絡健體班、健體舞班、繪畫班和手工藝班加強病友的溝通能力及讓病友舒展身心。為配合不同病友的需要，毅希會成立了陽光探訪隊，當中的病友義工會致電關懷及約訪病友會員，讓病友感受到別人的關懷。過往毅希會與不同機構合辦不同活動，如聯合理大物理康復科舉辦神經操運動；政府資助類風濕性關節炎病人口腔衛生及牙齒護理檢查服務；以及理大社區視覺篩查服務。

毅希會服務對象是類風濕性關節炎患者，凡經註冊醫生證實患有類風濕性關節炎者均可申請成為本會之正式會員，參加本會提供的活動。

黏土工作坊的製成品

香港風濕病基金會

香港風濕病基金會於 2001 年 10 月成立，為註冊非牟利慈善團體，致力於推動有關風濕性關節病的公眾教育工作，希望能提高香港市民對風濕病的認識和關注，以改善病患者的健康及生活質素為目的。基金會由一班熱心的醫護人員、商界人士、社會工作者及病患者等不同背景的義工組成，轄下有多個委員會，由不同專業人士帶領推行不同的工作，包括：

病患者支援基金委員會

檢討及審批各個為患者設立的支援基金，為病患者提供直接援助；開展不同的服務予患者，例如：風濕科水療練習計劃、物理治療伸展運動班、職業治療師諮詢服務、風濕病患者支援熱線等，從不同範疇協助患者。

基金會轄下的支援基金包括：

- 風濕病患者支援基金——為有經濟困難的患者提供經濟援助，以購買自費藥物、復康用品及進行家居改裝；
- 風濕病患者昂貴藥物支援計劃——基金會與不同藥廠合作，為有需要使用指定自費昂貴藥物治療、但有經濟困難的患者提供藥費優惠，使病患者可以得到需要的藥物作治療；
- 風濕病患者緊急援助基金——助病患者解決燃眉之急；

香港風濕病基金會位於南山邨的賽馬會病人資源及訓練中心於 2012 年開幕

基金會為風濕病患者提供水療服務，提高患者的健康及自理能力，減低疾病引致的殘障。

基金會開辦物理治療伸展運動課程

- 風濕病患者活動資助計劃——贊助及鼓勵不同組織多舉辦各類康樂活動，讓病患者能融入社會，保持身心健康；
- 風濕病患者關顧及復康項目資助計劃——提供財政資助，以鼓勵風濕科患者自助組織和其他相關機構舉辦培訓課程或復康活動，協助風濕科病患者積極面對疾病，促進他們的身心健康。

由於運動對患者的復康十分重要，基金會開辦了不同的運動課程，有受患者歡迎的水療練習計劃，租用政府醫院的水療池，並聘請物理治療師教授合適患者的運動；物理治療伸展運動班是在基金會南山邨的中心進行，為患者提供另一種運動選擇。於 2017 年更開辦了大笑瑜伽及地壺訓練課程，希望透過這兩種新興運動，提供與其他患者及家屬接觸的機會，從而改善患者身心的健康。

健康教育委員會

推動香港及國內的公眾教育工作，包括舉辦講座、病患者研討會、嘉年華會等，亦出版病科小冊子及印刷書籍，以增加市民大眾對風濕關節病的認識和關注。

曾舉辦的講座包括：類風濕性關節炎併發症的預防與治療、血的疑惑、類風濕性關節炎的治療與自我管理、類風濕性關節炎的治療與生活貼士、大人及兒童都有類風濕等，從不同角度讓公眾及患者更明白類風濕性關節炎。

2016 年的風濕病患者研討會

2018 年的風濕病患者研討會

基金會與復康會合辦的健康講座

2018 年的「活力風滋同樂日」

而每年十月，為了響應由世界衛生組織所定的「世界風濕病日」，基金會均會舉行大型活動，如健康關節海濱行、關節健康樂遊悠、風濕緩痛嘉年華、活力風濕同樂日等，以健行、游泳、嘉年華或地壺賽形式，向公眾展示患者活力的一面，宣揚正確認識疾病及運動的重要性。

由於社交媒體的盛行，基金會更在 2016 年開設了臉書專頁，透過不同渠道將正確的風濕病資訊傳訊開去。基金會的專頁內會發佈簡單易明的風濕病資訊，亦透過「風中故事」系列——患者的經歷，讓大眾更容易理解患者的心情及病症所帶來的影響。

科學研究委員會

醫護人員對風濕關節病的最新治療了解愈多，對患者提供的治療會更有效，因此基金會與香港風濕病學學會合作，為醫護人員提供海外培訓獎學金，鼓勵醫護人員到海外學習更新的治療方案。另外，委員會每年亦會舉辦跨學科研討會，讓不同領域的醫護人員了解如何配合不同專科的治療方案。

而每年跨學科研討會的簡報會刊出在英文會訊 CHARM，讓未能出席的醫護人員重溫。

籌款工作委員會

基金會作為非牟利慈善團體，經費全靠企業及大眾捐款支持，並未得到政府資助，因此需要舉辦不同的籌款活動以籌募經費。過往曾得到不同的團體及機構支持，舉辦不同類型的籌款活動，如：八和會館支持的慈善粵劇籌款晚會、香港愛樂團的「悅動心靈音樂會」等。

基金會出版的刊物

基金會於 2017 年的慈善晚宴舉行「風濕水療捐獻啟動禮」，為水療練習計劃籌募經費。

香港醫學會慈善基金於 2019 年舉辦音樂會，為香港風濕病基金會提供的水療班及物理治療運動班籌募經費。

香港復康會社區復康網絡

「香港復康會社區復康網絡」於 1994 年成立至今，深信患上長期病的朋友，特別是風濕病的你，要面對關節炎引致的問題及痛楚，雖未能全然「康復」，但離開醫院後，仍需在社區生活及重拾身心健康；更重要的是我們能與患者及家屬一起，交織出人與人、社區與社區之間的網絡，發揮互助精神。

服務目標

本着「自助」和「互助」精神，提供優質社區復康服務和推動病人自助互助工作，務使長期病患者在社區內能全面及積極地參與復康過程，提升生活質素。

服務

- 支援病人互助組織及推動社區教育
- 為長期病患者及家屬提供不同復康服務

自我管理，輕鬆「自」療

類風濕性關節炎屬於免疫系統疾病，是一種長期病，縱然至今沒有根治的方法，但若能得到適當的治療，加上學習及應用適切的自我管理技巧，病情便可受到控制，繼續日常的生活。為協助患者掌握類風濕性關節炎控制和治療的最新資訊，社區復康網絡定期舉辦以下的工作坊及課程：

活動項目	內容
風濕醫 • 患互動區	為新確診的風濕病患者提供與醫護人員真情對話的交流機會，藉此增加患者自我管理的信心。
關節 • 我自理課程	增加對關節炎的正確認識及護理，掌握各種方法處理生活上的困難及挑戰，並推動參加者改變「知而不行，行而又不持久」的復康態度。
專題工作坊及講座	定期由專業醫護人員講解不同主題，如藥物、疼痛處理、運動、飲食等。

為組織核心委員提供訓練及交流平台

病友組織、基金會和復康會定期舉行交流會。

正面迎「風」，活得自在

「自我管理」除了疾病管理外，情緒及角色管理同樣重要。畢竟，類風濕性關節炎所引致的痛楚與情緒是息息相關的。因此，社區復康網絡以不同理論為基礎，發展了多項心理社交支援服務，幫助關節炎的患者及其家人處理病患帶來的心理壓力及情緒困擾，從而開拓生命力，活好生活角色。當中的活動包括：

- 「與焦慮説再見」工作坊（共三堂）：認識焦慮情緒的成因及與個人思想模式的關係，學習有效及簡便的方法，減低焦慮情緒。
- 身心自在減壓工作坊（共兩堂）：讓參加者認識壓力與身體和情緒的關係，透過學習減壓及放鬆心情的技巧，從而提升抗壓能力，達致身心祥和輕鬆。
- 「釋出我情懷」藝術治療計劃之生命成長創藝坊（共六堂）：透過不同的藝術創作媒介（如：繪畫、圖像、聲音、音樂等），增強參加者對自己的認識，透過創作的過程，表達個人的感受及促進個人成長。
- 「活在當下」靜觀小組（共四堂）：透過體驗式活動如呼吸練習、身體掃描及柔軟伸展運動等，幫助參加者體驗安心、安靜的感覺，並了解自己面對壓力時的反應及作出反思，藉此提升內心智慧及情緒健康，享受生命當下每一時刻。
- 「心情新角度」情緒管理課程（共八堂）：運用認知治療法，協助長期病患者或家屬學習如何管理個人的情緒，從而減低心理困擾，紓緩壓力。

舒筋減壓小組聚會

舒筋減壓工作坊

由物理治療師帶領練習伸展運動，讓病友能在家中實踐。

- 「真心愛生命」探索小組（共五堂）：透過人生回顧及了解預前指示、遺囑、辦理後事程序及實務知識，探討如何積極活在當下，在生命完結前，預先作規劃。

「康程式」—悠然自得 健康之道

為了讓關注健康人士更容易接觸專業的健康及疾病管理知識，香港復康會獲香港賽馬會慈善信託基金的支持及捐助，成立香港復康會賽馬會學習及支援中心，以及開展為期三年的「康程式」計劃，建立網上學習系統及應用程式，利用資訊科技的普及和便利，達到本計劃目的——「悠然自得，健康之道」。

e2Care 網站：http://www.e2care.hk/

「活在當下」靜觀小組

水中運動班

感覺有時安寧照顧藝術展

由風濕科醫生主講的專題講座

病者、醫護
深情分享

「我把病痛看成是一個機會，讓我幫助更多人的機會。」
——專訪紀永樂

有如他的名字，紀永樂（Michael）總是掛着笑臉，為人樂觀積極，是許多人眼中的開心果。任何剛接觸過 Michael 的人，都難以想像，原來他已受類風濕性關節炎困擾多年，痛症甚至令他一度尋死。幸好他化悲憤為力量，用自身經驗來幫助其他病患。

兩度病發　痛不欲生

1997 年，正值壯年的 Michael 突然感到周身莫名痛楚，痛症嚴重影響他的生活，連最基本的走路、吃飯、睡覺，都無法做到。

回想第一次病發的情況，Michael 坦言難以用言語確切地形容當時有多痛：「那時候，身上差不多有 48 個關節發炎，就好像鐵甲人一樣不能動，痛不欲生。最難受的是牙骹發炎，完全吃不下東西，因為嘴巴張不開，連吃粥水也要用吸管；晚上根本無法入睡，一平臥便痛，惟有整個人半跪半伏，屁股朝天而睡，累了就再換姿勢。」

幾番輾轉，Michael 終被確診患上類風濕性關節炎。幸而經醫生治療後，炎症便慢慢減退，病情在兩年間得以緩解。從此，他非常珍惜能自由活動的機會，參加馬拉松比賽、慈善跑樓梯活動，猶如重生。然而，當時的資訊不及現在發達，Michael 對此症的認識只有一知半解，從未想過類風濕性關節炎就如一座睡火山，會隨時爆發。

2009 年，Michael 身上的「睡火山」蘇醒了，痛楚排山倒海而來，雖然沒首次病發般嚴重，卻使他雙腳腫脹，無法走路，甚至要用輪椅代步，令原本活躍好動的他大受打擊。「我外公活到 99 歲，買了輪椅也沒怎樣用過，轉送給我媽。我媽 75 歲，也沒用過，就送了給我，由她和菲傭來推我。你說，這有多難堪？」

劇痛令 Michael 頓感人生茫茫，一度萌生尋死的念頭，「不幸中之大幸的是，那時候我體重超過 200 磅，窗口太小，很難擠出去，加上跳樓要用上手部和膝蓋關節，才能跨過窗口，但我痛得根本無法移動，遑論自殺。」

大徹大悟　化悲憤為力量

原本令 Michael 人生大亂的痛症，竟在關鍵時刻救他一命。他開始反思人生，決定積極面對身上的病痛，也聽從醫生建議，參加水中運動班、關節炎自我管理課程，學會與病共存，其間認識到更多同路人，了解到原來還有很多病友需要扶持。

於是，Michael 毅然加入類風濕性關節炎病友組織毅希會，並在不久後成為主席，一做便是六年。儘管生活和工作已叫他忙得不可開交，他仍會時常抽時間分享自身經歷，以及與其他病友一起舉辦活動，只為幫助更多患者。不出所料，他樂於助人的性格成功感染了不少人。「以前會覺得患病很痛苦，但我後來才發現，病痛讓我明白人生有許多值得欣賞的事。現在，我把病痛看成是一個機會，一個讓我現身説法、幫助更多人的機會。」

給同路人的忠告

類風濕性關節炎患者所嚐的甜酸苦辣，真的難以向他人道得清、説得明。作為同路人的 Michael 也相當理解，正因如此，他更鼓勵各位患者多與人溝通，不要懼怕説出自己的難處：「真的要説出來才知道，原來你認為的難處，並不是那麼難，其他有經驗的人會教導、陪伴你解決的。」

Michael 亦樂於與各位病友分享他的抗病心得：「雖然我們無法控制甚麼時候病發，但總有些事情掌握在自己手中，例如好好愛惜自己的身體，吃得健康、有時間就多做運動、不要讓自己太操勞，情緒也不要太急躁。讓自己活得輕鬆點，即使面對同一個病症，也能處之泰然。」

「以前會覺得病痛很苦，但我後來才發現，病痛讓我明白人生有許多值得欣賞的事。」

Michael 走過重重難關，有賴身邊的太太不離不棄。

Michael 的 Facebook 上，滿滿是和愛妻的合照。

「人的價值不只是為了成就自己，更是為了成就他人。」——專訪趙慧妍

一段樂曲是否動聽，抑揚頓挫的旋律，拿捏得當的節奏，缺一不可。所以，演奏不但要有一腔熱情，也少不了靈活的雙手。但凡事總有例外，儘管趙慧妍（Winnie）的一雙巧手被類風濕性關節炎摧折，但她從未想過放棄音樂，反而忍着痛楚、抵過疲勞，舉辦了一場發人深省的音樂會。

黃金期發病　損失進修機會

28 歲的 Winnie 剛修讀完碩士學位，事業如日中天，閒時除了與鋼琴、色士風、敲擊樂為伴，也會和朋友攀石、划獨木舟，是許多人眼中的「人生勝利組」。然而，正處於人生黃金時期的她，身體卻突然出現劇痛，無法繼續以往活躍的生活，甚至被迫放棄進修音樂的機會。

20 多年前的一天，Winnie 突然感到肩膀作痛，她本來不以為意，以為只是肩周炎，或是運動創傷，但疼痛揮之不去，她頓感不妙，求診後便證實患上類風濕性關節炎。

原以為得到診治的 Winnie，萬萬沒想到痛楚會延伸至身體每一個關節：「當時我對這個病的認識有限，針灸、跌打、拔罐、食療，統統試過，只為了不再痛。」痛楚固然難受，可是讓她最難過的，是樂手最重視的手指、手腕不聽使喚：「那時候，我本來有一個深造音樂的機會，但剛剛發病時，我連樂器都拿不起來，所以只好放棄那個機會。」

堅持音樂夢　照亮他人生命

幸而，隨着病情後來慢慢受到控制，Winnie 馬上回歸音樂的懷抱，卻又迎來另一個難關。2005 年，她接受了手指手術，手指關節慢慢開始變形，手腕也難以發力，由無法彈奏鋼琴，到不能再握住大部份敲擊樂器，目前只剩下自己最愛的色士風。她漸漸意識到，演奏生涯終有一天走到盡頭。

不過，Winnie 沒有因此自怨自艾，反而更珍重每次演奏的機會，還一手一腳籌備了一場色士風音樂會：「雖然身體有限制，但我一直盡最大的努力保持演奏質素。我想趁着我還可以時，用自身的經歷告訴其他人，只要肯嘗試，很多事情都有可能。就像我手指已變形，仍能吹奏一些節奏明快的樂曲，完成一場音樂會。」

憶起這場音樂會，Winnie 的語調不自覺地提高，比之前明顯來得激動：「有朋友告訴我，他們因為我這個音樂會，開始反思人生和未來。我覺得很開心，因為以我這麼微弱的能力，可以讓他人有更大成就，而他們又再為社會帶來正能量。人的價值不只是為了成就自己，更是為了成就他人。」

舉辦音樂會後，Winnie 並沒有停下來，繼續籌辦一個包括課程、展覽、音樂會的大型色士風交流會，靠一己之力物色場地、申請資助、安排海外演奏家來港，過程雖然辛苦，但看到參加者享受的神情，她便覺得很滿足。

失去後得到更多

和許多患者一樣，Winnie 也曾想過沒有患病的「平衡人生」，卻更珍惜現在擁有的一切：「以前我會想，如果我的身體不是這樣，可能我的音樂造詣會再有所進展，我的工作或不只這個成就，但現在會覺得，這個病讓我接觸到很多很好的人，經歷過許多令我難忘的事。其實我並未『失去』，因為『失去』令我得到更多。」

一路走來，叫 Winnie 最感激的，是 20 多年來默默支持自己的老公，還有身邊的親友：「結婚前，老公已經知道我患病，即使知道要一直照顧我，仍沒有放棄我。他也很體諒我，給我很大空間，讓我去練習、表演，雖然會擔心我操勞過度，但他從未干涉我的決定，一直支持我追夢。我還要感謝我姐姐、弟弟和朋友，在心靈上、音樂上給我很多鼓勵和指導。」

Winnie 最感激的，是 20 多年來默默支持自己的老公。

Winnie 在音樂會上與姐姐和弟弟合奏，她希望天上的媽媽能看到。

薩克斯管工作坊開始前，Winnie 與工作人員留影。

Winnie 感謝朋友的支持和幫忙，令音樂會順利完成。

「這個病令我失去健康、夢想，但我也因此得到很多人的愛。」
——專訪吳小微

21歲，正是女生美好的年華，但吳小微卻在此時確診類風濕性關節炎。與此同時，她面對親人離世、接二連三的手術，甚至生命危險，但她並沒有自怨自艾，反而把考驗看成祝福，以樂觀、積極的心態走過這條崎嶇的路途，更利用自身經歷幫助他人。

年輕病發　工作夢碎

21 歲的小微還是社會新鮮人，喜歡孩子的她，順利在幼兒園找到一份工作，而她亦把幼兒工作視為終身職業。一天，她如常下班回家，明明沒有跌撞、扭傷，但右腳膝蓋卻莫名紅腫、發熱，疼痛難耐。

突如其來的劇痛使小微警鈴大作，馬上到醫院求診，其後證實患上類風濕性關節炎。當時資訊不及現在發達，許多人對此症都聞所未聞，小微本人從沒想過這個陌生的疾病會發生在自己身上，而且影響她的一生。

類風濕性關節炎不但帶來痛楚，更令她的腳趾彎曲，右腳扭曲得無法合起來，雙腿驟眼看猶如「K」字，而她也因為膝蓋和腳底的腫脹而寸步難行，被迫辭去她熱愛的工作。

親人離世　三重打擊

小微的養父在她 16 歲時離世，家中只剩下養母和養祖母與她相依為命，多年來，三位女子一直互相照顧、互相扶持，走過許多風風雨雨，然而 10 年後，一切都變了樣。

26 歲，正值小微風濕病最嚴重的時候，其養母亦癌症復發，健康每況愈下，理應被照顧的小微，倒轉成為了照顧者：「那時我住在上環，媽媽則在屯門醫院留醫，有三個月的時間，我要每天坐車四個小時來回港島和醫院，還要上班、準備湯水，真的累得不敢回想。」

三個月後，養母病逝，而養祖母亦於同年離世。一次又一次的打擊，令一向堅強的小微幾乎放棄生命：「有一次病發痛得很厲害，憶起已逝的親人更是痛不欲生，想就此結束生命，但根本痛得沒有氣力跨出窗口，只能伏在床上痛哭。那一刻，我彷彿聽到天父跟我說，『既然你有勇氣尋死，為甚麼你沒有勇氣生存呢？』我就打消了自殺的念頭。」

勇敢面對　奮然著書

自此，小微決定勇敢面對疾病，儘管沿途經歷各種高低起伏，甚至須前後接受五次手術甚至心胞膜和肺膜也受感染發炎，差點失去性命，她依然靠着信仰和朋友的支持走下去。被問到令她印象最深刻的事情，她則提到 2002 年的頸椎手術：「當時醫生發現我的頸椎骨裂和移位，如不開刀，將可能癱瘓和危及性命。」

為免頸椎再次移位，小微術後只能仰睡，身體動彈不得，即使頭暈得頻頻嘔吐，也只能像噴泉般噴出嘔吐物。長期躺卧亦加劇她的腰痛，須用上嗎啡來止痛。她咬緊牙關，忍受痛楚與髒污，如是躺了三天，醫生終讓她下床，但代價一點都不小：「要讓身體移動，又不傷及頸椎的話，須用頭架來固定頭顱。那時候四個醫生同時按着我，在我的額頭和後腦鑽出四個洞，才能安裝頭架，雖然局部麻醉了感覺不到痛，但想起那個場景還是會恐懼，太像恐怖電影了！」

由於小微要頂着頭架三個月，故日常活動大受限制，但她從未自怨自艾，反而受同樣患有類風濕性關節炎的作家杏林子啟發，利用這個「悠長假期」，把自己抗病的心路歷程化為文字，寫成自傳《微言微語》，以鼓勵其他病友，並感謝朋友的愛護。不少朋友都被她的分享打動，她更被選為第一屆風濕病基金會大使。

與病共存　助人為樂

現年 51 歲的小微，回首與病共存的 30 年，雖然目前病情尚算受控，但關節痛楚從未停歇，不過她卻選擇把病痛看成祝福：「這個病令我失去健康、夢想，打亂我的人生規劃，但我也因此得到很多人的愛，意志愈磨礪愈堅定，到海外宣教時，自身經歷可用作鼓勵更多人，幫助其他患者走出低谷。」

談起未來的計劃，小微說她沒有甚麼大理想，只希望可以繼續做義工，陪伴更多人走過難關，活出更豐盛的人生，迎來更美好的將來。

小微做頸椎手術時的情況

「這個病令我失去健康、夢想，打亂我的人生規劃，但我也因此得到很多人的愛，意志愈磨礪愈堅定。」

貓貓成為小微的「家人」，她說，貓貓給她陪伴和精神寄託，更像是她的照顧者。

「患病後，我明白到工作以外，還有很多重要的事。」
——專訪朱超英

一家之主，不只是家中的經濟支柱，更是家人的精神領袖。身為丈夫和父親的朱超英，卻於壯年確診類風濕性關節炎，病痛一度令他無法工作，連自理能力也大不如前，幸得身邊人和同路人的支持，病情終得以控制，讓他回到以往的崗位。

壯年發病　不知所措

超英雖然看來一臉嚴肅，平日寡言少語，多年來默默肩負起照顧家庭和公司的責任，但他心底裏是一位樂觀、堅強、勇於挑戰自己的男士。即使他曾因工業意外跌斷右腳，仍努力完成物理治療，憑着意志，在短短一年內回復走路能力。然而，如此積極的他，卻因類風濕性關節炎而大受打擊。

2015 年，超英剛從腿傷恢復過來，原以為可以回歸職場的他，未曾預料考驗會接踵而來。一天醒來，他發現全身動彈不得，在床上待了許久才能勉強活動。由於他接二連三地經歷晨僵，加上關節相繼出現紅、腫、熱、痛等徵象，他於是反覆向家庭科醫生和急症室求診。儘管醫生已推斷他患有類風濕性關節炎，但礙於政府專科排期需時，他仍須經歷半年的漫長等待。

等候期間，超英的病情每況愈下。突如其來的全身僵硬，有如骨頭互相碰撞的痛楚，令他夜不成寐。無計可施下，他惟有靠着有限的活動能力，在香港和內地奔走求醫，可惜治療效果都不太理想：「那時我對這個病的認識很少，不知道怎麼醫治，又不知道可以問甚麼人，只能『盲摸摸』地找中醫針灸，可是幫助不大，令我更加徬徨，不斷問自己，『為甚麼是我？』」

認識同路人　展開治療

因緣際會之下，超英透過女兒的同學，認識了當時的毅希會主席紀永樂（Michael），以及一眾同路人：「多謝 Michael 那次抽空和我詳談，我才真正了解類風濕性關節炎，知道要找甚麼醫生幫忙。」

經由 Michael 介紹，超英第一次到風濕病專科醫生求診，終於證實為類風濕性關節炎。而他確診約半年後，正式轉介至政府專科處理。不過，他的治療之路並非一帆風順：「開始吃風濕藥時，我以為病情很快就會好轉，但一年內試用了四組藥物都沒起色，發炎指數反反覆覆，關節又痛又僵硬。」

痛楚固然令超英難受，但叫他最困擾的，是失去了自由走動的能力：「還記得有一次去醫院覆診，我到飯堂點了餐便坐下等候，之後我的號碼不斷響起，但我根本站不起來取餐。以前的我很活躍，會和朋友四處去，參加很多活動，但患病後整個人被困住了，連走路都不行，內心覺得很痛苦。」

身邊人支持　積極抗病

幸而，超英得到妻子和女兒的無限量支持，讓他正面地走過抗病路途：「平日出出入入都有老婆陪伴；覆診的話，她和女兒都會陪我去，記下醫生的説話，也會幫我提問、表達我的想法。」

接受治療一年左右，超英轉用生物製劑治療，病情開始有所起色。病情穩定下來後，他除了回到以前的工作崗位，還多了一個新身份，在病友的推薦下成為了毅希會執委，希望能回饋當初幫助他的同路人：「當初我很沮喪，多謝毅希會、復康會的病友，在我人生最艱難的時刻鼓勵我，如果不是他們，我可能仍然不認識這個病。」

回望患病前的日子，現在超英視病痛為展開人生新一頁的契機：「從前的我只想着衝刺，覺得能再做好一點，很少想到幫助其他人。患病後，我明白到工作以外，還有很多重要的事，例如幫助他人。所以，現在我把工作的熱誠放到病友會上，為同路人籌辦活動、提供支援；這個病也令我學會了退一步海闊天空，不再固執要表現自己，自己做不來的事情，就找別人幫忙吧！」

成功控制病情後，超英積極參與病友活動，希望能幫助更多同路人。

「雖然我做不到以前那麼活躍，但也能悠閒一點看待人生。」

「原來我肯堅持下去，真的能達成心願。」

——專訪張成葉

正當同齡少女享受着青春歲月的時候，15 歲的張成葉卻確診患上類風濕性關節炎，不但影響健康和學業，更令她不得不放棄熱愛的運動。不過，她並未沉浸在傷痛當中，反而更欣賞、珍惜身邊的人與事。

15 歲發病　興趣全失

成葉生性好動，小時候住在山邊，閒時就會外出亂蹦亂跳，即使弄得頭破血流，仍不減她的活力。升讀中學後，她馬上尋到自己的興趣——籃球與西洋劍。憶起當時「熱血」的自己，她也笑説：「學生都不喜歡上學，可是為了練習籃球和西洋劍，原本一星期上學五天，我卻回去整整六天。」

可惜好景不常，升中三前的暑假，成葉右邊大腿內側出現類似扭傷的疼痛。她本以為是運動所致的創傷，並無多加理會，豈料疼痛漸漸延伸至左腳，而且愈來愈強烈，令她無法正常走路。她遂決定求醫，很快確診為類風濕性關節炎。

1980 年代初期，香港尚未有風濕病科，成葉的個案交由骨科醫生跟進。當時的藥物不及現在先進，她只能一直服用阿士匹靈止痛，不但未能壓下痛楚，沒多久更排出黑便、食慾全失，原來藥物令她患上胃潰瘍。原本精力無限的一個少女，體重只剩下 70 多磅，乍看之下猶如「皮包骨」。虛弱的身軀，加上無盡的痛楚，令她無法專心學業，然而叫她最難過的，是要放棄自己最愛的籃球和西洋劍。

勇於嘗試　登上黃山

礙於病痛所困，成葉中三至中五期間須多次進出醫院覆診，甚至曾因病情太嚴重，無法回校應考，導致會考成績也不太理想，她於是決定投身職場。不過，成為社會新鮮人前，她做了一個很大膽的決定。

1983 年完成會考後，成葉和兩位同窗一同參加師生團，到中國內地旅行，30 多年後的今天，她依然對行程最後一站的黃山念念不忘：「那時候還沒有登山纜車，登山路都是山墳及石碑堆出來的石級，一步步都要很小心。我的抵抗力不好，上山後第一個休息點已經發燒了，幸好趁大家吃午飯的時候睡了一覺，醒來時奇蹟地沒事了。」

儘管登山期間，成葉曾出現小毛病，而且持續關節疼痛，她仍堅持完成整個旅程：「原來我肯堅持下去，真的能達成心願。隔天看到壯麗的黃山日出，真的覺得一切都值得了。」

樂於助人　爭取暖水池

1990 年代，成葉參加水中健體班，不但重拾了運動的興趣，還發現水療的好處，原本繃緊的關節慢慢舒展開來，活動幅度也緩緩增加。為了讓更多病友能定期進行水療，她毅然與一眾病友成立「優先使用暖水泳池聯席」，這個經歷也讓她畢生難忘：「一班病友都行動不便，那時候我也剛剛做完手術，手指還吊着彈弓，硬着頭皮跟大家一起請願，列席市政局的會議。皇天不負有心人，我們成功爭取每逢星期日、一、二使用九龍公園的 L2 暖水練習池。」

多年來，成葉積極參與義工活動，希望透過自身經歷，幫助更多同路人。她鼓勵各位病友：「確診患病亦不要灰心，現在的藥物已經很發達，只要及早對症下藥，就可避免關節變形；也可以多與同路人傾訴，他們寶貴的經驗能幫上忙的。」

「感激有你們。」

回顧過去 30 多年，成葉最希望向一直幫助她的醫護人員與社工說一聲多謝：「我要感謝一直由 1988 年到現在，醫治、照顧了我 30 多年的黃矩民醫生，以及他的團隊。黃醫生雖然已退休，但仍不時到廣華醫院繼續診治老病友；謝謝職業治療部的莊先生，讓我第一次認識保護關節的重要；還要感謝一直跟進我病情的各位，尹姑娘、葉先生、李先生、黃先生，還有技工們。感激協助成立毅希會的黃煥星醫生及一班專職人員，讓一班同路人可以有地方分享；毅希會的長期秘書，譚財有女士，早期加入毅希會的朋友，必然會接過財有的電話的。最後，要感謝香港復康會社區復康網絡的伍杏修先生和劉素琼姑娘，讓我認識了『助人，自助』的精神。」

發病初期，成葉體重只剩下 70 多磅，仍靠着意志遊杭州、登黃山。

成葉多年來都積極幫助病友，照片攝於香港風濕病基金會籌款晚宴。

「任何時候都要保持正向思維面對。」
——專訪許盈盈

對不少舊制學生來說，中四的暑假特別「難過」，既想享受會考前最後的自由時光，又要把握時間準備考試，而對許盈盈來說，這個暑假更叫她畢生難忘，因為這一年，她迎來比會考更大的考驗——類風濕性關節炎。

中四發病　不以為意

和許多同齡女生一樣，17 歲的盈盈開朗、活潑，喜歡嘗試新事物。中四的暑假，她第一次跟幾位同學去溜冰。初踏冰場的她，果然頻頻跌跌撞撞，回家後開始感到四肢痠軟，膝蓋也會偶爾發痛，但不太影響走動，令她以為只是跌倒的後遺症，過幾天就會好轉，因此並未多加留意。奇怪的是，這種痠軟無力的感覺，竟然持續了整個暑假。

9 月 1 日，正當其他同學沉浸在回歸校園的喜悅中時，盈盈卻發現這是噩夢的開端。因為她發現，每當她屈曲膝蓋，關節便傳來劇痛，然而她的課室位於六樓，於是，每走一級樓梯，都感到撕心裂肺的痛。

病情惡化　影響生活

開學後幾天，盈盈的肩膀、手臂、手指開始又紅又腫，洗臉、刷牙、換衣服這些平常事，突然變得很困難，「校規指定女生要紮頭髮，可是要動用到肩膀，一隻手還要舉起、扭動，真的痛得大喊出來，所以那時候辮子能紮多低就多低。」

盈盈開朗、正面，驟眼看，難以得知她一直受類風濕性關節炎困擾。

本來以為很快會消失的紅腫和痛楚，竟然日漸加劇，嚴重影響盈盈的生活和學習。由於主要關節都非常疼痛，她無法伸手洗擦身體，甚至痛得不能用手指按下沐浴瓶，每次洗澡都要差不多一個半小時，因此即使天氣酷熱難耐，她只能兩天才洗澡一次。

盈盈寄語其他病友：「保持積極堅持和不放棄的心態，任何時候都要保持正向思維面對。」

盈盈憶述上學的情況，那時候她就讀 A 班，洗手間則位處 E 班旁邊，意味着她要走過五個課室，才能上廁所，一來、一回，已花光整個小息的時間。可是抵達廁所，並不代表可以解放，因為如廁時，需要屈曲膝蓋，對她來説既痛又費時，她只好減少喝水，以減低上廁所的需要。

相比痛楚，盈盈更擔心耽誤學業。為了準時上學，她每天特地早起兩小時準備，並叫年事已高的祖母幫忙梳洗、紮頭髮；為了不讓學習進度落後，她每天放學後馬上到自修室「打躉」，直至晚上九時、十時才回家；原本只需一、兩個小時便寫完的功課，她得忍痛執筆，並且花上幾倍時間來完成。

煩惱藏心底　幸得學校關心

開學首兩週，盈盈已開始意識到這並不是一般的受傷痛楚，先後到跌打、普通科、急症室求醫，但每次疼痛紓緩後，隔天又再出現。

現年 30 歲的盈盈，談起當時的病況時雖然從容不迫，但原來 13 年前，她即使周身疼痛，也不敢向身邊的親友傾訴：「那時候只覺得很痛，又找不到原因，怕其他人會覺得我無病呻吟，所以從無向身邊的人説起。加上父母的工作很忙，平日很少見面，沒辦法跟他們訴説；雖然我跟妹妹比較親密，但又覺得跟她説了，也無濟於事。」

盈盈一直獨自面對病情，直至學校主任問起，才首次向他人透露。「有一天，學校主任嘗試了解我整個月都要使用升降機的原因，之後將我轉介予學校社工跟進。幸運地，當時的社工梁姑娘，有同學在瑪麗醫院當醫生，於是介紹我去看看，驗血後就確診是類風濕性關節炎。」

接受治療　感激身邊人

確診患類風濕性關節炎後，盈盈被安排入院試藥，歷時兩星期。住院期間，師長、同學非常關心、支持她：「老師為我將講課錄音，交予同學帶去醫院給我聽，又有同學帶習作來指導我功課，讓我能追回進度；亦有老師親身來醫院探望我，為我祈禱，鼓勵我積極樂觀面對。」

最叫盈盈感激的是，平日忙得不可開交的媽媽，每天工作前後都去醫院探望她，為她煮飯、熬湯、沖涼、洗頭，令她感受到家人的關愛。

盈盈回想患病期間的經歷，她感激每個伸手幫忙的人，更感激自己的努力，雖然痛楚感覺有口難言，但從未想過放棄學業，堅持每天上學，才得到主任關注，及早確診。她勉勵各位同路人：「保持積極堅持和不放棄的心態，任何時候都要保持正向思維面對。」

盈盈感激每個伸手幫忙她的人，令她的抗病之路一點也不孤單。

「開心要過活，不開心也要過活，所以我選擇開心一點。」
——專訪郭筱萍

如果說父母是家庭支柱，那孩子則是父母的心靈歸宿。類風濕性關節炎患者郭筱萍（天勇媽媽）即使病情反覆，一度痛得須終日臥床，但四名子女給她源源不絕的力量，支撐着她跨過一個又一個難關。

一波未平　一波又起

2007 年，筱萍誕生不久的幼子天勇剛戰勝血癌，她本以為終可回歸以往平淡但幸福的生活，每天料理孩子三餐，接送他們上課下課。可是她萬萬沒有想到，突如其來的身體痠痛，竟令她無法照顧孩子，更影響她往後十多年的日子。

病發初期，筱萍雖感到周身痠痛，但以為不過是身體過勞，並未多加留意。然而，痛楚日漸加劇，全身關節一到傍晚時分便會疼痛難耐，肩頸位置則繃緊得難以動彈，只有服用止痛藥才會舒服一點。她終於察覺事態嚴重，遂到政府診所求診，驗血後即確診是類風濕性關節炎。

等待治療　墜落谷底

雖然找出疼痛的原因，但筱萍仍須等候專科排期，才能接受治療。等候期間，她的腳趾、腳背、膝蓋相繼出現紅、腫，痛楚更逐漸蔓延至上肢，不但影響走路，連日常生活中的小事也無法應付：「如果說是腳痛，還有手支撐着，可是我的手也痛得厲害。洗澡、穿衣、上廁所本來是很私人的事情，但那時候我全都做不了，心裏怎會不難受？」

數個月後，筱萍終於開始治療。她起初試過不少藥物，病情未見起色前，藥物卻已令她食慾大減，加上她不願下床上廁所，所以這段時間她減少吃喝，原本約 160 磅的體重，一個月內急降至 110 磅：「那段時間我都在臥床，有時候我會痛得哭起來，有一次被小女兒看見，她問我，是不是痛到哭了？我說，是啊，媽媽很痛。她再問我，有多痛呢？我說，太痛了，媽媽沒有辦法解釋。」

家人支持　努力面對

雖然痛楚磨人，但家人的支持，令筱萍堅決咬緊牙關走下去：「確診的時候，小兒子才一歲多，其他孩子都年紀還小，可是我的情況根本無法照顧他們，也不能打理家頭細務。先生真的很體諒我，辭去了工作，扛下照顧家庭和孩子的責任。」

除了義無反顧的另一半，幾個乖巧的子女亦令筱萍非常感動，成為她積極抗病的動力。憶起治療初期覆診的情形，她也忍不住笑說：「出門覆診的時候，我的子女也跟着我去，包圍在我的身旁，以免被街上跑跑跳跳的孩子碰撞。當時雖然覺得很無助，但想到我的子女還小，我是他們的依傍，就下定決心要堅強抗病。」

「我還要感謝我的妹妹和哥哥，他們的支持與包容幫助了我很多。妹妹把我的辛苦看在眼內，千方百計幫我紓緩痛楚，後來帶我去做物理治療，又知道我的先生沒有工作，幫我承擔了費用。哥哥為了讓我放鬆心情，就跟我們一家人去旅行，還幫我照顧孩子；就算我走得慢，不斷拖慢行程，他也沒半句怨言。」

「開心要過活，不開心也要過活。」

多年過去，儘管筱萍跨過無數挑戰，她人生的路仍然荊棘滿途，不但自身病情反覆，兩名兒子更在她確診後，先後患兒童風濕病和淋巴癌，但她選擇以樂觀的心態面對：「我曾因為接二連三的打擊而難過，但一位護士的話啟發了我，她說：『開心要做人，不開心也要做人，為甚麼要讓自己難受呢？』」

過去數年，筱萍一家人有空便會去旅行，離開本來的環境，看看外面的世界，並享受與家人相聚的時間。她表示，轉換心態後，日子的確輕鬆了：「開心要過活，不開心也要過活，所以我選擇開心一點。希望各位同路人也能放鬆心情，讓自己好過一點。」

筱萍的丈夫和四名子女，是她積極抗病的動力。

對筱萍來說，一家人結伴出遊是放鬆心情的好方法。

筱萍與幼子天勇合照

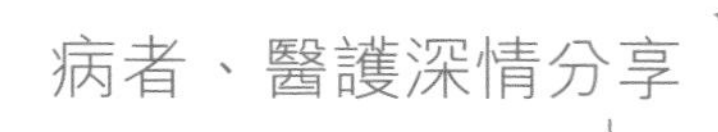

願當病人的安慰劑
——專訪瑪麗醫院內科黃煥星醫生

作為本地第一代的風濕科專科醫生，黃煥星醫生憶述 30 多年前，一般香港人對類風濕性關節炎的認識都不多。就連醫學界，亦只知此病源於免疫系統毛病，但成因不明，故無法採取針對性治療。「正因為治療成效欠理想，所以從事風濕科專科的醫生需要有更多愛心，加倍關心病人。我希望可以當病人的安慰劑，減輕他們的痛苦。」

合力打造美好樂章

黃醫生表示，類風濕性關節炎最大挑戰是影響全身關節，加上屬長期病，不少患者需要一輩子接受治療及跟進，所以醫生和患者的關係非常重要，除了治病，醫生也須關注患者背後的問題、家庭狀況和全人發展。

他形容，要處理好類風濕性關節炎，需要很多「團員」的合作，情況就好比一隊合唱團，當中團員包括風濕科專科的醫生及護士、物理治療師、職業治療師、臨床心理學家、精神科專科醫生、社工、營養師以至骨科專科醫生等，而患者就是指揮家，在治療過程中慢慢學習統籌和尋找各方面的專家，共建美好樂章。

毋忘初心關懷患者

隨着醫學界對免疫系統的運作了解加深，繼而研發出生物製劑，令類風濕性關節炎的治療在過去十幾年出現大躍進。由以往的「go slow and go low」，即用藥由輕到重，務求減輕副作用，變得更為進取，希望把握患者確診後一、兩年的黃金治療期，盡早處方特效藥或生物製劑，控制病情。

「生物製劑的出現，改寫了不少患者的命運，由於療效提升了，能進一步減少關節痛症或變形，預期患者對輔助治療的需求將會愈來愈少。不過，我經常提醒自己，縱使藥物有效，但始終無法代替醫生對患者的關懷。我希望每位風濕科專科醫生，能繼續保持對患者的同理心，不要只顧開藥，令治療變得機械化。」

與患者經歷同喜同悲

行醫多年，陪患者走過不同階段，他直言有過氣餒的日子，最難受是目睹患者因為藥物的副作用而受苦。

「印象最深刻是有位男病人，用了傳統的免疫抑製劑後，白血球數目降至接近零，出現高燒和肚瀉等已知但罕見的副作用。由於白血球太低會增加感染風險，嚴重可以致命。當時我每日巡房都會覺得很自責，耐心等待患者的免疫系統自行調節。幸好，兩星期後，他成功逃出鬼門關，病情亦愈趨穩定。」

黃醫生解釋，無論是生物製劑抑或傳統的改善病情藥物，難免有一定副作用。汲取了以往經驗，現時醫生在處方上述藥物時，會先透過測試評估風險，如有需要會處方輔助藥物，以平衡療效和副作用。再配合定期監察，包括檢查白血球、紅血球指數，肝、腎以至肺部功能，確保無出現問題。

「作為醫生，我很感激每一位接觸過的病友。因為在治病過程中，我們可以從他們身上引證到書本上的知識，從而豐富經驗；更可以學習到積極面對生命的態度。」

無懼痛症追求理想

黃醫生難忘其中兩個勵志個案，其中一個患者是一名大男孩，16 歲那年突然出現全身關節痛，在病床上動彈不得。「當時他正預備考大學，所以父母都很擔心。用藥三、四月後，他終於可以下床，再轉介到麥理浩康復醫院，接受水療、物理治療和職業治療，病情得以改善。後來他們舉家移民到美國，他更成功考入醫學院，現時已經是一位權威的腦科專科醫生。」

黃醫生表示，該患者多年來從無間斷服藥，早年更因為髖關節破壞嚴重，需置換人工關節，但仍無阻他行醫的決心。憶起當年應邀出席對方的醫學院畢業典禮，見證其人生的重要時刻，他仍然大感欣慰。

另一個案，是一位因為類風濕性關節炎引致手指關節變形的女士，她從無放棄吹奏她最心愛的色士風。更着力推動本地學習色士風的風氣，今年 4 月排除萬難舉辦了個人演奏會，更將該次表演的收入，全數撥捐類風濕性關節炎病友組織「毅希會」。

「所以我經常勉勵病人，雖然類風濕性關節炎暫時未有方法根治，但如果透過用藥可以回復正常社交生活或工作能力，不應該當自己是病人。」

他補充，儘管新藥療效顯著，但適用與否，要取決於病情的嚴重性和患者的經濟負擔能力。對於採用傳統藥物的患者，現時亦可透過混合治療，提升療效。「醫學每日不斷進步，即使病情控制未如理想，只要患者不放棄，我相信未來一定會有更多新藥出現，終有一日，所有患者的病情都會得到改善。」

淺談風濕科護士的日常
——專訪風濕科資深護師梁偉欣

在風濕病患者的抗病旅途中，風濕科護士不只扮演治療者的角色，亦同時充當心理輔導員，從生理和心理方面幫助病人管理病情。風濕科資深護師梁偉欣（Apple）已擔任風濕科專科護士七年，縱然任重道遠，但能見證着一位位病人由發病時不知所措，到成功控制病情，並重拾自信，是她源源不絕的動力來源。

責任重大

由新症確診到控制病情，風濕科護士的角色都非常關鍵。Apple 表示，對新症個案來說，許多患者確診時都不清楚自己的病情，更不知道該如何治療：「一開始確診時，病人都很徬徨，對自己的疾病充滿疑問及憂慮，透過轉介給風濕科護士診所，由我們詳細解釋病情，以及教導他們如何用藥，講解不同藥物的用途和副作用，讓他們安心接受治療。」

風濕科護士亦負責監察、管理病情。大部份穩定個案，便須定期與風濕科護士見面；在會面前，護士的準備功夫一點都不馬虎：「我們會先查看病人的紀錄，了解他們的用藥紀錄，用藥後病情控制情況，疾病活躍指數等；還會查看他們所有的驗血、X 光報告，確定他們完成所有檢查，才和他們會面。」

「病人進來診症室後，我們首先評估他們當日的病情是否活躍，用藥情況有否副作用出現等等；再按個別情況給予詳細解釋；並按臨床需要，作出適當的轉介，如有關節變形的話，可轉介至足病治療師、物理治療師或骨科專科醫生等跟進；或按需要，轉介至臨床心理學家作詳細跟進。」Apple 續説。

對患者及其家人來説，風濕科護士提供的心理支持也很重要，Apple 解釋：「患者都有角色上的轉變，因病而需要個別的關顧。例如，病人本來是一家之主，發病後要家人照顧，還痛得不能上班，卻又難以啟齒，長遠憋出情緒問題。護士則會擔當心理輔導員，開導患者和他們的家人，陪伴他們度過難關。」

由於風濕病患者的心血管病風險較高，因此風濕科護士亦會定期觀察患者的體重、血糖、血壓、血脂等指數。如有需要，會加強指導他們改善生活習慣，例如飲食控制及適量運動等，以排除心血管疾病風險因素，並因應所需轉介至營養師或糖尿科護士再作跟進。

最大挑戰

問到成為風濕科護士後遇到最大的挑戰，Apple 不假思索便回答：「病人沒有按醫囑去定時用藥。」原來，不少病人都擔心藥物的副作用，自行減藥或停藥，導致病情反覆。

對於這些「不聽話」的病人，Apple 自有一套勸導方法：「我會以病友身份，與他們分享控制病情的經歷，因我本身也在 20 歲出頭，便確診類風濕性關節炎，痛起來多刻骨銘心，生活細節完全不能自理的麻煩，我都完全明白，所以我會跟病人分享，自己也是按醫囑用藥控制病情的。」

Apple 不厭其煩地提醒患者：「千萬不要擅自調校風濕藥，按醫囑用藥，才是最有效的控制病情方法。」

重拾自信

擔任風濕科護士多年，叫 Apple 最深刻的，是一名 20 多歲的類風濕性關節炎患者：「那名患者最初來看我的時候，因為被病痛折磨，行動不便，須由家人推輪椅進出，滿面愁容，不願意跟其他人有眼神接觸。幸好經過我們風濕科團隊給予適切的治療後，她病情得以控制，活動情況得到改善，可以自己走路，笑容、自信都回來了。」

「風濕科護士能夠見證病人由確診時的不知所措，對自己的疾病充滿疑問、憂慮，到後來從容地與病共存的蛻變，的確是很有意義的工作。」Apple 笑説。

聯繫同路人復康路上不再孤單
——專訪香港復康會社區復康網絡註冊社工曾瑞秋

由確診一刻開始，類風濕性關節炎患者的心情和病情，大多如「過山車」般，經歷高低起伏。多年來幫助許多類風濕性關節炎患者的香港復康會社區復康網絡註冊社工曾瑞秋明白，患者由接納到適應此病、與病共存並不容易，但社會上有不少非牟利機構均長期為患者提供復康支援、服務及資訊，只要患者願意踏出第一步，再加上身邊人的支持，必定會找到出路。

不同階段的心理變化

作為風濕科社工，香港復康會社區復康網絡註冊社工曾姑娘表示，剛確診的類風濕性關節炎患者，面對身體和生活上的巨大轉變，必定感到極大壓力，需要時間適應。

「類風濕性關節炎是一個長期病，患者在不同階段會面對不同問題及掙扎。第一個階段是確診期，因為擔心要長期服藥，無法『斷尾』，心情難免會感到害怕、難接受；踏入疾病中期，藥物開始生效，但仍有機會受客觀因素影響，導致病情時好時壞，動搖患者對治療的信心；隨着病情發展，他們開始擔心關節出現變形，長遠會破壞關節活動能力，對生活造成影響。」

過度關心會引致反效果

曾姑娘指出，痛是主觀感覺，難以用言語表達，患者有時難免感到孤單、無助。身邊人可以做的，是盡量聆聽和關心，肯定患者正在承受的痛苦，並幫助他們調整心態，面對疾病。「雖然分享完困難未必能夠即時解決，但起碼讓患者知道有個人願意分擔，聆聽自己的心情和負面諗法，有助紓緩他們的情緒。」

不過她提醒，家人在患者身邊陪伴支持固然重要，但有時過度關心、噓寒問暖，也可能會對患者造成負擔。她憶述曾經接觸過一對母女，年長的母親因為心痛女兒患病，不只扛起所有家務，每次外出都幫她提取重物，令她好不尷尬。

「其實類風濕性關節炎患者並非甚麼都不能做，過份保護反而會令他們覺得自己沒價值。最重要是家人之間加強溝通，分工合作，或靈活運用一些輔助用具，改善功能和減少關節勞損。」

調整期望與疾病共存

對患者來説，類風濕性關節炎是一個需要長期復康和終身適應的疾病。要與疾病共存，就要先學懂愛惜自己。「部份類風濕性關節炎患者的自我照顧能力或會下降，若經常與患病前比較，必然會給自己很大壓力。所以，確診患者應該先調整對自己的期望，未必每樣事都要取得滿分，做到六、七成已經不錯，這樣反而慢慢建立信心，更有力量面對挑戰。」

得到認同成功走出陰霾

她曾遇到一個難忘個案，是一位 60 多歲的專業人士。他大半生努力工作，原本希望在退休前為職業生涯寫下完美句號，卻突然被確診患類風濕性關節炎。但基於傳統「男子漢大丈夫」心態作祟，他寧可默默忍受痛楚，都不願意向家人或朋友啟齒。而關節痛亦影響了他日常工作表現，令他心情一度跌至谷底。

「記得他第一天來參加自助課程，太太陪伴在側，二人表現被動。活動期間，透過組員之間的分享，他才發現，原來這個世上還有很多跟他有相似病歷的同路人。因為彼此間有共鳴，他慢慢開放自己，積極投入活動。其間，他又參照課程教授的方法，透過恆常運動，成功減少了每朝起床關節無力和紅腫痛熱的情況。」

助人自助揭開人生新一頁

曾姑娘笑言，參與自助課程，不只幫助他走出陰霾，最大收穫是打破了夫妻之間的隔膜。「丈夫之前因為不想太太擔心，所以從沒透露病情，太太不只對疾病不了解，亦不知道枕邊人一直承受巨大困擾。但參與課程之後，兩夫妻的溝通多了，有時一個簡單的表情動作，已經心領神會。太太表示最開心是見到本身是固執大男人的丈夫，願意放開懷抱，接納自己的病和積極接受復康治療。」

曾姑娘透露，該患者早前已經退休，由於藥物治療效果理想，令他有心情和體力從事一些有意義的兼職工作，加上夫妻感情好了，閒時會一齊做運動，為退休生活揭開新一頁。

書　　名　與風同行——類風濕性關節炎的護理與治療
編　　著　香港風濕病基金會
協助機構　毅希會
責任編輯　王穎嫻
美術編輯　郭志民
出　　版　天地圖書有限公司
香港皇后大道東109-115號
智群商業中心15樓
電話：2528 3671　傳真：2865 2609
香港灣仔莊士敦道30號地庫 / 1樓（門市部）
電話：2865 0708　傳真：2861 1541
印　　刷　亨泰印刷有限公司
柴灣利眾街德景工業大廈10字樓
電話：2896 3687　傳真：2558 1902
發　　行　香港聯合書刊物流有限公司
香港新界大埔汀麗路36號中華商務印刷大廈3字樓
電話：2150 2100　傳真：2407 3062
出版日期　2019年10月 / 初版・香港

ISBN 978-988-8548-15-6